本著作系中央民族大学自主科研计划项目

（项目编号：0910KYZY37）成果

由中央高校基本科研业务费专项资金资助

（Supported by "the FundamentalResearch Funds for the Central Universities"）

少数民族女装设计

魏 莉/著

中央民族大学出版社

China Minzu University Press

图书在版编目（CIP）数据

少数民族女装设计 / 魏莉著 . -- 北京 ： 中央民族大学出版社，（2019.4 重印）

ISBN 978-7-5660-0748-3

Ⅰ．①少… Ⅱ．①魏… Ⅲ．①少数民族 - 民族服饰 - 女服 - 服装 - 设计

Ⅳ．① TS947.742.8　　② TS941.717

中国版本图书馆 CIP 数据核字（2014）第 149286 号

少数民族女装设计

著　　者	魏　莉	
责任编辑	黄修义	
装帧设计	汤建军	
出 版 者	中央民族大学出版社	
	北京市海淀区中关村南大街 27 号	邮编：100081
	电话：68472815（发行部）	传真：68933757（发行部）
	68932218（总编室）	68932447（办公室）
发 行 者	全国各地新华书店	
印 刷 厂	北京建宏印刷有限公司	
开　　本	787×1092（毫米）　　1/16	印张：10.75
字　　数	260 千字	
版　　次	2019 年 4 月第 2 次印刷	
书　　号	ISBN 978-7-5660-0748-3	
定　　价	48.00 元	

目 录

绪　论

一、何谓民族风格

中华民族服饰经过几千年的风雨沧桑，形成了富有中国气派、博大精深的民族服饰文化体系。它不仅体现了物质文化和精神文化的整合，以及审美主体内心炽热情感的外化，而且在一定程度上反映出中国特定社会文化结构下的特定民族生活习俗和民族审美理念。所谓的民族风格，就是从民族服饰中借鉴一些形式要素，将之运用在现代服饰设计中。而民族服饰的要素概括起来主要表现在造型、结构、材料、工艺、图案、服装配件、装饰品、色彩搭配等方面。比如张天爱的作品，通常都以红黑两色为基调，简洁高贵，浑然天成，衣着展示则以东方本土风情为本，但同时又有着清新浓郁的异域情调，这些女装成衣无论从面料款式还是从做工搭配等方面都近乎完美，无可挑剔。在国外，1994—1995 年秋冬的服饰，图案的运用更加广泛，自然花型与传统纹饰并行不悖，甚至有不少绘画作品被印染到面料上，形成富有魅力的图形和色彩的世界。织物的质感更加丰富，高田贤三的中国旗袍和长袍均以图案为主要表现要素，绚烂丰富，三宅一生的中国式长袍与小型花样的粗犷织物搭配，有种混合之美。从形式上看，往往借用民族服饰的一些要素，如结构特征、局部造型特征、图案式样、色彩关系、服饰品、首饰、有手工感的面料等。

飞速发展的高科技在给人们带来便利的同时，也使人们觉得越来越远离自然，人们更加渴望文化上的返璞归真。这时，服装上的复古思潮，集中地体现了人们试图回归自然的情感，于是，中国的传统服饰连同中国的印花棉布与古典丝绸又在时装舞台上活跃起来，甚至掀起了一股股各具特色的"中国风"。

西方设计师不仅仅只停留在过去对龙和花卉团纹样的简单复制上，而是进一步挖掘了更具有中国人文气息的绘画，如中国的水墨画，2005 年 Dior 的设计师在白色的面料上用泼墨的手法画上了黑色的花朵，并加以红色花朵点缀，虽然服装款式简单平常，但泼墨花纹的出现却让连衣裙有一种清雅的面貌。同样，2006 年在意大利时装周上，一款印有中国画凤凰和牡丹图案的白色修身晚礼服艳压群芳引人注目。另外以民族风著称的 Kenzo，对中国少数民族服饰元素不断进行演绎，在黑色天鹅绒的面料上刺上了抢眼的民族图腾，而花朵、圆点、金属镶边等图案和各种颜色的交错融合，也在服装上撞击出了最美丽的火花，搭配西式的长毛绒红色围巾，展现出一派热烈的民族风情，让中国最具有民族风格的时装元素在世界时装舞台上大放异彩。

二、"中国化外形"而非"中国化设计"

当谈及中国元素的款式外形，会自然想到中国的旗袍、马褂、坎肩等，中国设计师可能更多的会按照固定的思维模式去添加盘扣、装饰图案和刺绣等，而国外设计师则只是把这些款式造型作为服装的一个构成元素，将现代的生活理念融入设计中，对传统的款式造型进行重新演绎。例如 2005 年 D&G 春夏发布会上展现了以中国旗袍为款式的改良式旗袍，无袖连衣裙款式上用了传统旗袍的立领设计和斜开襟设计，下摆处右侧开衩至大腿根部，领子外围采用了传统的滚边作为装饰，此季 D&G 的主题是热情奔放的夏威夷，虽然款式是优雅的旗袍，但是其印花选用鲜艳的色彩，裙摆单边开衩，头部和斜开襟处配以花饰，这些无不体现了夏威夷式的激情与轻松，给优雅含蓄的旗袍平添了几分热带的妩媚和奔放。此季的另一款还运用了中国传统国画的花鸟图案，用以大面积的印花，款式上连衣裙的下摆部借鉴了旗袍的高位开衩款式，上半部是泳装的款式，有内衣外穿的设计想法，面料选用薄牛仔面料，配上中国传统工笔花鸟图案，很轻松地将中国传统元素和现代的休闲风格融合在一起，让古老的旗袍变得更为轻松和活泼。

很多国外设计师往往凭借文化背景之间的差异，经过另一种思维模式的思考，反而使他们或有意或无意地打破了中国传统服饰的固定模式；另外国外设计师在创作过程中始终把现代的生活理念贯穿其中，把中国传统文化元素融入现代生活理念中，其主要表现为运用后现代的解构法，将中华民族的典型样式、线条、色彩等当作一种符号、语汇，通过非传统的手法，组合传统部件，融入自己的设计中，从而构成一种古今融合、中西合璧的手工与现代技术结合的新型美。加里亚诺从京剧戏服以及妆面上得到灵感，设计出 Dior2003春夏那一季作品，如图 1 至图 4，相比起第一次运用中国元素，这次加里亚诺更加驾轻就熟，只是他将中国各朝代服饰进行"杂烩"。

图 1 Dior2003 春夏

以下为部分细节：

图 2 京剧脸谱妆面

图 3　孔雀银饰

图 4 金鱼风筝

三、民族风格在现代服装中的运用方式

民族风格可以广泛地运用到不同类别的服饰上，如高级时装、流行时装、休闲装、日常套装、礼服等方面，一般来说，在女装领域的运用更为常见。"江南布衣"被作为杭州女装的一面旗帜，利用纯天然的棉、麻、丝、毛面料来演绎"回归自然的设计主题"，设计风格浪漫、丰富、自然，不盲从流行但始终时尚，材质多用不同肌理、风格的纯天然面料，寻求同民族服饰相类似的面料。

民族风格的服饰必须具备鲜明的时尚特征。时尚总是处在不断流变之中，流行的因素很复杂，但一经形成潮流后，人们对此总是如痴如醉，竞相效仿。运用民族服饰要素进行创意设计有两个基本方向，一是创造艺术价值，二是创造商业价值。前者主要表现在对创意服装的设计上，后者表现在对各类实用服饰的设计上，而创造商业价值是最终的目的。从商业角度来看，时尚的热点也是当季的主要卖点。所以，敏锐地捕捉时尚热点，将它巧妙地糅合到自己的设计风格之中将是成败的关键。在运用民族要素进行设计时，如果忽视其时尚性，则易于陷入盲目状态，很难脱离借鉴原形的束缚，或者使设计成为个人自我满足的游戏。这样，也很难取得商业上的成功。事实上，成功的品牌也总是将时尚因素不经意地融入自己的风格，既保持了自己一贯的形象，又顺应了时尚的变化，从而赢得了消费者。

时尚是瞬息万变的，如何应对这种变化，以保持自己特有的风格是非常重要的课题。因为消费者的需求是多样化的，特别是当今大众对时尚有自己的理解，人们会根据自己的品位从数以万计的产品中挑出自己的所爱，组合出别出心裁的搭配。面对这样成熟的消费者、成熟的市场，灵活的设计思维以及积极的应变能力是很重要的。

民族化只有融入了时代精神和切合时代的生活方式，才能实现民族服饰新文化。我国的民族服饰极其丰富，如何更好地将民族元素运用在现代时尚的服饰中，则需要更多的对民族文化的认识、研究，从中把握民族的精髓，才能更好、更和谐地将民族与时尚结合。

四、国外服装设计师作品中的中国民族风

中国风很早就已经开始影响世界了，在 20 世纪 80 年代的时候，就已经有设计师做过中国风格的时装。作为中国服装之经典的立领、刺绣等元素一直都在影响着时装界，西方时尚对中国元素的表现，主要是以立领、盘扣、中国结等非常象征性的元素，主要运用红色，或者是红色和绿色的结合。在西方人眼里，丝绸是最具东方特色，中国风情的，在他们的中国风格设计作品中，经常是以丝绸面料为主，偶尔也会用麻、纱等质朴天然的面料。

大牌设计师往往都是独具慧眼，善于从传统和民族文化中汲取灵感，创造出永恒的时尚。中国风带着厚重的历史感和新鲜的时尚感，出现在这个奢华当道的时尚界，引人驻足欣赏。从图案、工艺、造型到化妆、结构，都带有浓浓的中国风情，像龙纹、折扇、水墨、旗袍、藏族服饰等。但不同的是，设计师们将这些元素打破重构，并不拘泥于元素，使得服装大气而个性独特，非常富有冲击力。在夏奈尔的设计中，经常会有对襟的立领和盘扣形式出现。阿玛尼曾将中国汉字运用于设计中，展现了轻歌曼舞中国风，如图 5；John Galliano 的 2003 年秀场上演了一出令人惊艳的中国大戏，如图 6；Jean Paul Gaultier 把精细的刺绣

图 5 阿玛尼作品

图 6 加里亚诺作品

和旗袍拿来幻化出无限精细,如图7;在 2003 春夏迪奥高级时装发布中浓烈绚丽的中国戏剧风情,和 2011 秋冬 Armani Prive 高级时装发布中东方元素的典雅高贵……独特的创意,大胆的设计,加上时尚摩登的造型,古典传统的意犹未尽饱含着极致迷人的韵味,如图9。

图 7　Paul Gaultier 作品

图 8　Armani Prive 高级时装

图 9　Armani Prive 高级时装

大牌设计师三宅一生、迪奥(如图 10)、Lagerfeld、高田贤三(如图 11)、Miumiu 都把民族元素运用到系列服装中,并发挥得淋漓尽致,在前两年的巴黎时装周中让·保罗·戈尔捷的民族元素(如图 12)更是让人目瞪口呆,眼前一亮,这些时装设计师对民族元素的利用,带给我们很多启迪,也可以让我们追随着他们时尚的步伐把这些民族元素运用到舞台服装中。

图 10 迪奥设计的服装

图 11 高田贤三设计的服装

图 12 让·保罗·戈尔捷设计的带有民族元素的服装

五、国内设计师有关民族主题方面的设计

目前，民族主题正在成为国内众多设计师热衷表现的主题，如吴海燕、张天爱、张肇达、陈家强等都多次发表过相关主题的作品，舞台服装虽然有别于成衣，但也要在当今社会时尚的背景下来塑造舞台要求的效果。可喜的是有一批在市场上成长起来的品牌，如北京有"五色风马""红凤凰""五色土""璞玉""蝶舞香衣"，广州有"唐人"，深圳有"鱼""天意"，等等。我们可以跟着他们时尚的足迹，带着特有的民族元素设计开发舞台服装，这些品牌突出的特点是运用大量的苗族、侗族刺绣图案，局部配以手工绣片。哈尼族的挑绣堪称独一无二，舞台服装可以汲取哈尼族挑绣的精粹，运用到设计中，透过时尚与民族组合诠释舞台服装新的内涵，时尚与经典、民族传统与时尚交集荟萃，追求舞台服装独特的民族风格，注重内部细节，个性而不张扬。这些设计虽然正处于成长阶段，却也展露了勃勃的生机，显示出民族风格舞台服装的广阔市场前景。我们也可以从当代主持人朱军、董卿、李咏主持每场节目所穿服装的不同看到民族服饰文化的发展和进步。几年前，朱军、董卿穿着的是没有装饰只是单色比较严肃的装束，反映了那时对民族服饰的认识比较狭隘，而董卿在主持奥运会开幕式晚会、李咏近期主持的节目穿的衣服，配有精美的手工刺绣，

图 13　几年前主持人的服装　　　图 14　李咏近期主持节目的服装　　　图 15　董卿 2013 年春晚的服装

色彩十分和谐（如图 13 至图 15）。在以前纯粹的东方意象中，将中式元素运用的分量重新作调配，摄取民族元素，提升舞台效果；融合民族与时尚，演绎中国文化的包容性与独有创新，突出全新创意。将舞台服装推向一个新的起点。我们有理由期待将来会有更多的设计师投入研究，将民族服饰里的精粹与当代设计理念相结合，创造出全新概念的材料和舞台服装。

六、中国风格服装品牌的现状和继续发展的趋势

中国服饰文化延续了几千年的历史，但是相对于古老的自给自足、非产业化的服饰来说，中国的服装品牌及服装产业可以算是刚刚萌生，还不到 50 年。20 世纪后半叶，中国服饰经历了几度风雨，50 年代至 70 年代末，特别是"文化大革命"时期，中国的服饰文化遭到了很大的破坏，全国人民的服饰，不管男女老幼，都打上了比以往任何一个时期都深刻的政治烙印。那个时期，没有人敢于讲究穿着打扮，谁要是讲究穿着，讲究吃住，便是陈腐落后不革命的典型。在这样一个环境下，全国人民的服装达到了出奇的一致，款型宽大，男女不分，所有人都是军绿，灰蓝，军服和破烂褶皱的贫苦劳动人民服装反而成为一种病态的时尚大受追捧，如图 16。

"文化大革命"结束，改革开放，中国的服装业从 20 世纪 80 年代开始发展，服饰才有了大的变化，可以说，中国服装业是在这个时候才开始起步。西方的服饰和时尚文明一夜之间闯入中国，百花齐放，争奇斗艳，人们追求美丽与个性的天性在摆脱压力后马上展现得淋漓尽致，如图 17。与此同时，中国的服装品牌才崭露新苗并快速发展起来。但是，中国的服装业在快速发展的同时，还是存在很多问题，由于一开始跟风西方时尚，加之落

图 16 "文化大革命"时期的服装

图 17 改革开放后的服装

后时期的崇洋媚外心理，形成了劳动密集型的服装制造业非常发达，而品牌竞争力很弱，难以和国际服装品牌相抗衡的尴尬被动局面。

由于这种令人尴尬的局势，造就了中国在服装的生产和加工方面的世界一流水平。近几年中国的服装业有着较大的发展，服装业的发展大大推动了中国国民经济的发展，2005年纺织服装的总产值约占全国总产值的 1/10，其后五年出口创汇顺差第一，为中国出口创汇作出了巨大的贡献。现在中国已成为全世界最大的服装生产加工基地，全世界每三件服装中就有一件是中国生产。这是一个让人既为之高兴又为其担忧的发展状态。中国服装业一直以来都是劳动密集型加工产业，没有文化价值和品牌利润，只能赚取加工利润。为他人作嫁衣，这样的产业模式已经不占优势，中国只有努力探索出一条有自己独特民族内涵和生长力的品牌之路，才能将中国制造变成中国创造，从而创造更多的品牌文化价值。

目前，中国服饰品牌有 40 万个左右，知名企业数千家，仅浙江省就拥有 8 个"中国驰名商标"的服装品牌：雅戈尔、杉杉、步森、庄吉、报喜鸟、罗蒙、万事利、浪莎等。但这些品牌在国际上的知名度却微乎其微，远不及茅台、海尔在国际上的声誉。以上这些品牌都是以西方传统服装诸如西服、西裤、领带、衬衫、T恤等的时尚为风向标，没有自己的特色和内涵，相对于本来就有历史文化的国际品牌来说，自然要逊色得多。近年来，中国一部分有远见的服装人为了中国的民族服饰文化的复兴和品牌竞争力的提高而奋起努力，出现了很多有中国风格的服装品牌，如柒牌、中华立领、天意良子、卡宾、利朗、木真了等众多的中国风格服装品牌。这些品牌都融入了中国服饰及艺术文化的内涵，成了第一批带有中国风格的服装品牌。

第一章
少数民族女装款式设计

第一节 少数民族女装款式特点分析

一、不同地域款式特点不同

对比与调和是一对矛盾统一的法则，是造型艺术必须遵循的法则。生活中的对比表现在许多方面，日本的山口正城和冢田敢在《设计基础》一书中将其总结为直线与曲线、明与暗、凸与凹、暖与冷、大与小、多与少、粗与细、重与轻……的对比关系，在这些对比中，每对矛盾的双方越接近，就越显示出调和。如侗装就巧妙地运用点、线、面及色彩来凸显对比效果，增强侗族的视觉美感，如侗族女子所戴的银冠，就是运用凹与凸的对比原理，使银花上的花鸟虫鱼栩栩如生，富于立体感。侗装还借用色彩的强烈对比来增强其亮度，使服饰具有节奏感和韵律美，如小孩的口水围，色彩为红、蓝、白，对比强烈，更显出孩子的活泼可爱。侗族女装常以青、蓝布为底，在上面绣上各种颜色的图案，色彩鲜明，而又能和谐地统一于一整套服饰之中，充分显示出侗族妇女杰出的审美能力、独特的审美见解和生存智慧。

蒙古族服饰具有浓厚的草原风格，因为蒙古族长期生活在受着地势与气候多种恶劣条件影响的塞北草原上，所以蒙古族人不论男女，四季都爱穿长袍，如图 1-1 。在这种固有的民族服饰元素下，倘若想对其加以深入探讨研究，就不得不从蒙古服饰的固有组成元素——蒙古袍进行了解并加以分析了。

图 1-1 蒙古服饰

蒙古袍造型独特，款式繁多，但它的固有元素是不会变的。这些元素主要体现在宽大、长袖、高领、右衽，多数地区下端不开衩。冬天可防寒护膝，夏天能防蚊虫叮咬、遮暴晒，正所谓"行可当衣，卧可作被"。从蒙古袍的季节种类上划分还可以分为单袍、夹袍、棉袍和皮袍。其款式多样，有开衩的，有不开衩的；有下摆宽的，也有下摆窄的；根据袖口进行区分，有马蹄袖和非马蹄袖。综上所述，尽管蒙古族各部都穿蒙古袍，但因地而异，各有各的特色。

乌孜别克族妇女的古代大衣"披袍"的造型非常有特点。其总体造型的形态很像袍又像披风；对襟、胸前、下摆、衣领处绣有蔓草几何纹样；而在细节造型上工艺考究，简繁相映，其胸前两侧好似两兜，上面绣有单独适合的纹样；胸前有一纽扣，袍袖已渐变成手臂不能伸进去的后背装饰品，属飘带似的饰物，如图1-2。

图1-2 乌孜别克族绣花镶边女披袍（正背面）

乌孜别克族妇女爱穿"魁纳克"连衣裙。这种裙子在总体造型上宽大多褶，不束腰带，有的在连衣裙外再穿各种颜色的坎肩，也有穿各式各样短装的。有时，在连衣裙的外面加上绣花衬衫，西服上衣，下配各式花裙，秀雅不俗，别具风采。在细节造型上，胸前往往以精细的工艺绣上各式各样的花纹和图案，并缀上五彩珠和亮片。

朝鲜族服装根据穿着者的年龄和场合，选用各种质地、颜色的面料制作。女子婚前穿鲜红的裙子和黄色的上衣，衣袖上有色彩缤纷的条纹；婚后则穿红裙子和绿上衣；年龄较大的妇女，可在很多颜色鲜明、花样不同的面料中选择。

　　朝鲜族妇女的短衣长裙，是朝鲜族服饰中最传统的服装，这也是朝鲜族妇女服装的一大特色，如图1–3。短衣在朝鲜语中叫"则高利"，是朝鲜族最喜欢的上衣，以直线构成肩、袖、袖头，以曲线构成领条领子，下摆与袖笼呈弧形，斜领、无扣、用布带打结，在袖口、衣襟、腋下镶有色彩鲜艳的绸缎边，只遮盖到胸部，颜色以黄、白、粉红等浅颜色为主，女性穿起来潇洒、美丽、大方；长裙，朝鲜语也叫作"契玛"，是朝鲜族女子的主要服饰，腰间有长皱褶，宽松飘逸，这种衣服大多用丝绸缝制而成，色彩鲜艳，分为缠裙、筒裙、长裙、短裙、围裙。年轻女子和少女多爱穿背心式的带褶筒裙，裙长过膝盖的短裙，便于劳动；中老年妇女多穿缠裙、长裙，冬天在上衣外加穿棉（皮）坎肩。缠裙为一幅未经缝合的裙料，由裙腰、裙摆、裙带组成。上窄下宽，裙长及脚面，裙摆较宽，裙上端有许多细褶，穿时缠腰一圈后系结在右腰一侧，穿这种裙子时，里面必须加穿素白色的衬裙。长长的飘带将较为整洁的色块分割开来，使得整体效果精致而优美。这种蝴蝶结的设计在国际流行服饰中也有类似的应用。

图1–3 朝鲜族女装

　　白色是朝鲜族最喜欢的服装颜色，象征着纯洁、善良、高尚、神圣，朝鲜族自古就有"白衣民族"之称，自称"白衣同胞"。朝鲜民族服饰可分为官服、民服等，这些服装的结构自成一格，上衣自肩至袖头的笔直线条同领子、下摆、袖肚的曲线，构成曲线与直线的组合，没有多余的装饰，体现了"白衣民族"的古老袍服的特点。

　　维吾尔族的服装一般都比较宽松。维吾尔族妇女衣服式样很多，主要有长外衣、短外衣、坎肩、背心、衬衣、长裤、裙子等。过去维吾尔族妇女普遍都穿色彩艳丽的连衣裙和裤子，裙子大都是筒裙，上身短至胸部，下宽大，长及腿肚子，如图1-4。维吾尔族妇女除用各种花色的布料作连衣裙外，最喜欢用艾德来斯绸，这是一种专门用来做衣裙的绸子，富有独特的民族风格。维吾尔族妇女多在连衣裙外面穿外衣或坎肩，裙子里面穿长裤，裤子多用彩色印花布料或彩绸缝制，讲究的用单色布料做裤料，然后在裤角绣上一些花。妇女的长外衣主要有合领、直领两种，年轻妇女喜欢穿红、绿、紫等鲜艳的颜色，老年妇女喜欢穿黑、蓝、墨绿等团花、散花绸缎或布料，衣服上缀有铜、银、金质圆球形、圆片形、橄榄形扣祥，讲究在衣领、袖口等处绣花。女式短外衣有对襟短上衣、右衽短上衣、半开右衽短上衣三种。

图1-4 维吾尔族女装

二、同一民族的不同分支服饰款式特点不同

（一）哈尼族服饰不同分支款式的差异

哈尼族一般用自己染织的藏青色土布做衣服。妇女多穿右襟无领上衣，下穿长裤，衣服的托肩、大襟、袖口和裤脚镶上彩色花边。西双版纳及澜沧一带的妇女，下穿短裙，裹护腿；胸前挂成串的银饰，头戴镶有小银泡的圆帽。墨江、元江一带的妇女，有的穿长筒裙或皱褶长裙，有的穿稍过膝盖的长裤，系绣花腰带和围腰。妇女在服装和装饰上区别是否已经结婚，有的以单辫、双辫区分，有的以垂辫和盘辫区分，有的以围腰和腰带的花色区分等。

哈尼族女子一生中，至少有三次较大的服装、服饰变更。一般来说，少女成年之前是一种装束，服饰属于童装范畴。成年到结婚之前，又是另一身装束，这段时期的女性爱美之心最强烈，是服饰色彩最艳丽、款型最多样、穿戴最辉煌的时期，标志着成熟。待到女子成亲之后，又要改变装束，取而代之的是色彩朴素、款式简洁的服饰。此举标志着一个姑娘的青春时代已经完结。

不同地区、不同支系的女子服饰、头饰的款式，从少年到婚后都有不同的变化和差异，这也反映了哈尼族女子服饰层次分明、多样性的特点。根据各个支系生活的地理环境、气候条件不同，其服饰类型也呈多样性。哈尼族服装的款型大致可分为："长衣长裤""长衣长裙""短衣长裤""短衣短裤"和"短衣短裙"这五种。

"长衣长裤"主要是以车里村女子服饰为代表，它是格角妇女在与自然界的斗争与实践中，创造力和智慧的结晶。女子服饰根据穿着情形和款式可以分为：右襟无领上衣，以银币做纽扣，下穿长裤，打花绑腿。盛装时外加披肩一件，坎肩有别于其他支系，即无领无袖右襟开，用黑布分成四块拼缝，边缘用丝绒线或金箔纸装饰，前胸片全部用银泡钉制，呈三角形；有时还系花围腰和臀围，即用一块四十厘米的土布制成，用于遮围臀部。她们在衣服的托肩、大襟、袖口及裤脚上，都镶上几道彩色花边，坎肩则以挑花做边饰。

"长衣长裙"主要是以"碧约"支系为主，妇女穿着白色上衣和藏蓝色土布筒裙，筒裙从腰际垂至脚面。虽然没有太多的饰纹图案，但腰际悬垂的各式精雕细琢的饰物为这身装束增添了无限光彩；后面是绣满各种图案的短袖长衫，一直到脚部；前面是一块白布，上面绣满了各种纹样图案和钉满了银泡；左右各有一条飘带，飘带上也被绣的花花绿绿，上面挂着许多松软的花形垂物和银饰，远看就像一只展翅欲飞的蝴蝶。

"短衣长裤"主要以"罗美""腊米"等支系为主要代表。她们上着无领、右衽斜襟的长袖衣，细腰宽摆，衣长到腰间，下着黑色大挽裆裤，极少有装饰，有的地区小腿部还绣制精美的护腿套。

"短衣短裤"主要以居住在红河地区的奕车妇女为主，她们穿着无领开襟短衣和紧身短裤。上衣和外衣形制较为特别，外衣叫"却巴"，无领无襟，下摆是半圆形，两侧是圆形，开口，形似龟壳，俗称"龟式裳"；上衣"却童"，亦无领无襟，仅在左侧镶以十七个假布扣。"却

童"要用9~12件衣物的部分拼成，面料是用青靛着染后涂抹一层牛皮胶，即硬实黑亮又能防鱼；下身则着"拉八"短裤，如图1-5。这是因为生活在亚热带哀牢山区的奕车人善开梯田种水稻，长裤登高埂、下水田均不方便。裤子则"短化"至紧身裸腿，近于泳装，适于梯田劳作，精干健美。

"短衣短裙"主要以西双版纳和澜沧江一带的妇女着装较为典型，上衣主要是无领对襟，腋下开衩，无扣，通常这种装束对胸衣要求很高，除了在胸衣上绣满各种图案花纹外，还要配上银泡、银链等各种装饰品。下身穿着长度及膝的折叠短裙，几乎没有什么绣饰，但是上衣的前襟和下摆装饰性极强。袖子一般用黑、红、绿、蓝、黄、白色的布料拼接而成，色彩斑斓，十分艳丽，如图1-6。上衣的左右衣襟上用彩色丝线有规律地绣成各种几何纹样，与袖子相映成趣。她们还会打护腿，但平时多赤脚，过年过节时穿绣花肩头鞋。

总之，哈尼族的服装款式种类多样，上衣可分为长衣、短衣，当然这些分类并不是绝对的。各地区哈尼族服装尽管

图1-5 奕车女子服饰

存在一定的差异，但都有一个共同之处，即上装短小紧身，下装宽松肥大。哈尼族各支系之间的服饰会相互渗透、相互吸收、取长补短，如我们通常可以看到同一地区不同支系间的服饰逐渐趋于统一。

图1-6 西双版纳女子服饰

（二）彝族服饰不同分支款式的差异

彝族种类繁多，色彩绚丽的彝族服饰是彝族文化的主要组成部分，同世界很多民族一样，地区、性别、年龄不同，服饰也不同，既有盛装、常装之别，又有婚、丧、嫁、娶及祭祀等礼仪的专用服饰。根据彝族服饰民俗的地域、支系表现，可将彝族服饰划分为凉山、乌蒙山、红河、滇东南、滇西、楚雄六种类型。

1. 凉山型

主要流行于四川凉山彝族自治州和毗邻各县，以及云南省金沙江流域。其服饰古朴、独特，较完整地保持了传统服饰的文化特征。凉山男女上衣均为右衽大襟衣，男女老幼皆披擦尔瓦，披毡，裹绑腿，套毡袜。男子发式为传统的"天菩萨"，头饰为"英雄结"，左耳戴蜜蜡珠、银耳圈等饰物，下着长裤，并因语言，地域不同而有大、中、小裤脚之分。妇女着裙，戴头帕，育后戴帽或缠帕，双耳佩银、珊瑚、玉、贝等耳饰，重颈部修饰，戴银领牌，如图1-7。其衣饰的传统衣料以自织自染的毛麻织品为主，喜用黑、红、黄等色，其工艺可用挑、绣、镶、滚等多种技法。

图1-7 凉山彝族服饰

2. 乌蒙山型

乌蒙山自古以来就是西南彝族文化的发源地，本型服饰过去多以毛、麻织品为主，现多用布料；色尚黑，多为青、蓝色。其基本款式为大襟右衽长衫、长裤。女服盘肩，领口、襟边、裙沿有花饰。

3. 红河型

沿哀牢山流经滇南的红河水系区域中的彝族人民创造了纷繁多彩的服饰。本类型男装各地基本一致，多为立领对襟短衣、宽裆裤；女装则多姿多彩，其款式既有长衫，也有长衣和短装，大多衣外套坎肩，普通着长裤，系围裙。头饰琳琅满目，尤喜以银泡或绒线作装饰。

4. 滇东南型

本型服饰流行于滇东南彝区及广西那坡等地。女装以右襟、对襟上衣及长裤为主要款式，个别地区着裙，如图1-8；男装上为对襟，外套坎肩，下穿宽裆裤。广西那坡、云南麻栗坡部分彝族还保留着贯斗方袍的古老款式，这款服装仅在节日或举行仪式时妇女穿用。本型衣装多以白、蓝、黑为底色，多饰动植物花纹和几何图案。工艺有刺绣、镶补、蜡染等多种技法。

图1-8 彝族滇东南地区女装

5. 滇西型

居住在以巍山为中心，包括大理、保山、临沧等地。服饰特点：受白族影响较大，服饰色彩丰富，款式变化多，制作工艺精细，较多的银制品和刺绣纹样。

6. 楚雄型

楚雄地处滇池与洱海之间，东接乌蒙，北依金沙、南临哀牢，是古代各部彝族辗转迁徙之地，为彝语几大方言的交汇地带，故服饰也纷繁多姿。本型女装上衣稍短，花饰繁多，色彩艳丽。工艺以挑花、镶补、平绣为普遍，图案以花卉为主，二方连续纹样应用广泛；传统云纹、马樱花等，多装饰在上衣的胸前、盘肩等特定部位。妇女头饰繁多，大体可分为包帕、缠头、绣花帽之类，若细分却有四十余种，而每种头饰又各具其鲜明的地域特点，成为某地彝族的标识。男子着短衣长裤，服饰日趋时装化。

彝族服饰所呈现的美首先来自它独特的造型美，它的形体轮廓线的扩张和收缩产生出节奏和韵律感，同时表现出一种简洁和简练的美学风格。以依诺款式女装为例，从她们穿戴的荷叶帽高帽领、披毡和百褶裙之间的错落而形成宽—窄—宽—窄—宽的变化重复的节奏。用于抵挡高原的太阳和风雨的帽子头帕，同时也将头部装饰的美丽大方，也达到了增高的目的，高领保暖，同时又把颈部修饰得更加修长，宽大的披毡和上紧下松的的百褶裙让女子更显丰姿绰约。而男子的服饰呈现出三角形，宽大厚实的察尔瓦让男子显示出山一样的气魄。服装的款式结构上，我们可以看到简与繁的节奏之美，动与静的变化之美。男子挥动手臂，身上的察尔瓦在舞动中就像展翅的雄鹰，为尚武的彝族男子平添了许多英豪之气。凉山依诺地区的彝族男子服饰以大裤脚为主要特征，裤脚最宽者达 1.7 米，不仅穿着舒适，走动起来更富变化。凉山彝族女子无论老少都穿百褶裙，上衣的直线造型与百褶裙细密的褶皱形成对比，就好像蝴蝶翩飞。彝族姑娘只梳一条辫子，婚后才梳两条辫子，不拢髻，不缠足。着装时先用青布帕包头，在前额加戴勒子，再盖上头巾，走起路来，穗子摆动，形若水浪。

三、自然生态影响着款式的变化

当今人们常说：傣族妇女的穿着打扮，是全世界最美丽的，它就像孔雀开屏一样，五彩缤纷，美不胜收，令人叹为观止。只要了解傣族的人，都会认为这话一点也不算夸张。傣族由于地处亚热带，妇女一般都长得身材苗条，面目清纯娇美，看上去亭亭玉立，仪态万方，她们不仅长得美，而且还善于打扮，用独具特色的服饰把自己装扮得如花似玉。傣族妇女一般喜欢穿窄袖短衣和筒裙，把她们那修长苗条的身材充分展示出来。上面穿一件白色或绯色内衣，外面是紧身短上衣，圆领窄袖，有大襟，也有对襟，有水红、淡黄、浅绿、雪白、天蓝等多种色彩。现在多是用乔其纱、丝绸、的确良等料子缝制。窄袖短衫紧紧地套着胳膊，几乎没有一点空隙，有不少人还喜欢用肉色衣料缝制，若不仔细看，还看不出

图1-9 傣族女装

袖管，前后衣襟刚好齐腰，紧紧裹住身子，再用一根银腰带系着短袖衫和筒裙口，下着长至脚踝的筒裙，腰身纤巧细小，下摆宽大，如图1-9。傣族妇女的这种装束，充分展示了女性的胸、腰、臀"三围"之美，加上所采用的布料轻柔，色彩鲜艳明快，无论走路或做事，都给人一种婀娜多姿、潇洒飘逸的感觉。

　　自然生态对傣族服饰的影响是显而易见的，比如，西双版纳居住者多为水傣，水傣女子服饰十分秀丽，她们穿上浅色紧身窄袖琵琶襟短衣，白色、天蓝色或绯红色紧身内衣，袖管又细又长，紧贴胳膊；衣服的腰身又细又短，腰背处有一小部分外露，下摆较宽而大。下身穿颜色艳丽的筒裙，长及脚面。过去，筒裙上有花条数道，花条的多少，表明所属阶层，规定极其严格，任何人不能违反。系银链腰带，脚下着屐或赤足，戴耳环、手镯，挽发髻于脑后，插饰梳子和鲜花。外出时手持漂亮的绸伞，肩挎长带筒包，显得窈窕秀美。在这一地区，妇女有穿鞋习惯的，常见的有尖花鞋、朝鞋和拖鞋。她们一般都将长发盘结于头顶，插上一把月牙梳，形象婀娜多姿，优美动人。衣饰纹样来自热带自然环境，更美于热带环境成为自然环境之美体，如图1-10。

图1-10　西双版纳女孩

　　又如新平县、元江县一带的傣族因其女子美丽的服饰而得名"花腰傣"。花腰傣女子身着镶绸银泡的小裓，外套一件锦缎镶边的超短上衣，仅20多厘米长的短衣充分展示出她们腰饰的华美，红色织花腰带在腰间层层缠绕，小裓下摆垂着无数银坠均匀地排在后腰，串串芝麻响铃在腰间晃动，如孔雀、林中百鸟齐鸣耳侧，傍着花银响铃于腰间发出摩挲的撞击声，长长的丝带将精美的"花央萝"系在腰边。黑红色的筒裙，镶满银泡的筒包，高高的发髻，别致的小笠帽，衣着上的纹饰、装饰物等造型的形态源于自然，其色彩上的浓与淡、冷与暖、黑与白的对比既来源于自然又凸显自然，胜似生机盎然的春季生态在阳光下情景的写照。

　　还有：① 芒市一带傣族女子婚前穿浅色大襟短衣、黑色长裤、系绸花围裙，婚后改穿对襟短衣、深色筒裙，头上包长穗头帕；② 金平县勐腊一带女子上着白色、绿色和蓝色封襟、圆领、窄袖、紧身衣，下着黑色或杂色长筒裙，系两米长的红、绿色绸腰带，结发于头顶或编独辫；③ 红河、藤条江沿岸的女子穿黑色无领姊妹装，上衣长而肥大，袖子短而宽，袖口镶有花边。未婚女子镶边用红色，已婚女子用绿或蓝色。上衣饰以银币扣子，领口和两侧钉银泡。用黑布包头，包头布两端绣花垂于耳侧；下着黑、蓝色筒裙。④石屏县、绿春县的傣族女子上衣内着圆领左开襟短褂，用青、蓝、绿、粉红绸料，胸前嵌细银泡，外穿窄袖圆领无纽短衣；下着青色土布筒裙，裙边镶彩布，裙腰打褶，以彩带缠腰数道；头发束于顶，以青蓝色土布缠绕，头发末端缀有一串彩线缨穗，喜戴手镯、耳环、戒指；⑤德宏州、耿马县的傣族女子上穿齐腰短衣，下着色彩艳丽的筒裙，长发者挽髻，留一撮散发垂于肩后。

综上所述，傣族服装的纹饰、款式，服装及人体的配饰物、色彩无一不与自然环境有着密不可分的关系，也是自然生态在人体装饰上的体现。正由于此，傣族服饰像是一朵艳丽的奇葩凸显于世界的民族服装艺术的殿堂中。

四、少数民族女装细节设计独特

（一）贯头衣服装形制

"贯头式"的上衣是用一幅布做成的，其做法是在一幅布中间挖一孔作为领口，使头能够套入（或称开洞），工艺上是有织有缝的缝合形制，但没有裁剪，整件衣服是正方形、三角形、几何形状的组合或一两块布料，后发展有了袖子部分，形成较稳定的基本服装形制，如图 1–11。

图 1–11 贯头衣形制

"贯头衣"形制特点：上衣无襟，衣身有前短后长、前长后短或前后同长变化形式。苗族贯首装有三种类型：

1. 无领贯首裙装型（如图1-12）

2. 翻领贯首裙装型（如图1-13）

翻领贯首裙装型与无领贯首装在形式上基本相同，主要区别在上衣的领部。用青布在领口缝制成大翻领，下装为蜡染织锦百褶裙，裙系飘带或流苏的挑花围腰，又称为"四印苗"。在形制上，已由单层整块裹体或局部遮护，变为多层分装穿着，包括内衣、外衣、上衣、下衣、头衣、足衣等。

图1-12 无领贯首裙装型

图1-13 翻领贯首裙装型

3. "旗帜服"贯首裙装型（如图1-14）

"旗帜服"上衣用宽约70厘米的蓝布或青布缝制成大翻领，领缘用白布包边。领缘白边成十字交叉于前胸或后背，翻领似旗帜，白边似旗杆套子，故俗称"旗帜服"。下装为百褶裙，系长围腰，扎挑花腰带，系织锦飘带。

图1-14 "旗帜服"贯首裙装型

（二）门襟多变的服装形制

1. 对襟式服装形制

苗族对襟裙装的特点：款式上装为无领、无扣的对襟衣，前短后长；衣、裙、围腰多以蜡染为饰；下装为中长百褶裙，裙前拴围腰。对襟裙装是苗族妇女主要服装的主要类型，在着装中占有重要的地位。对襟装有许多的类型：对襟披肩装、对襟背牌装、对襟背褡装、交襟装等。其中对襟披肩裙装的特点为：上衣为对襟、无领、无扣的麻布短衣，外披半开领披肩；或穿大袖长摆衣外套披肩；下装多为蜡染布料的百褶裙、无褶裙。苗族对襟短披肩的特点为：衣上部和衣袖缀几何纹彩色布贴，下穿百褶裙，系两条挑花围裙，里层大围裙，外层小围裙，沿边垂银铃、铜钱，左侧垂挂挑花飘带，如图1-15。

图1-15 对襟上装

2. 斜襟式服装形制

斜襟式样是沿领口向下为斜襟形成左交于右襟上的领式。两个侧边各有一小布带供系紧衣服用。斜襟装款式特点：是在上衣对襟的一侧加宽，向外接出一段，从领部斜下至腹部，襟边为直线，用挑花带装饰，另一侧前襟保持原状。苗族妇女的上衣为斜襟，衣的两个侧边各有一小布带供系紧衣服用，系时右襟在上，左襟在下，如图1-16。

图1-16 斜襟上装

3.大襟式服装形制

大襟式服装是少数民族较为普遍的上衣款式。其款式特点：立领、大襟、穿时右衽。襟线从领口左绕向右至腋下，再垂直到底摆。有布疙瘩纽扣，或银链扣，在衣领、衣襟、衣袖多缀刺绣或挑花花边或嵌条装饰，如图1-17。

图1-17 大襟式样

五、少数民族女装款式特点对其着装方式的影响

少数民族女装种类繁多，因此在服装的着装方式上也各不相同，每个民族都有自己的着装方式，都有自己的特点，她们的着装方式与现代流行服装的着装方式又有着异曲同工之妙，下面以瑶族女装服饰为例，主要从瑶族女装的搭配方式、叠穿的着装方式、衣摆上翻的着装方式和包缠的着装方式来进行具体分析。

（一）搭配方式

服装搭配方式，体现着服装的整体效果，是对服装风格特征的完整表现。现代实用服饰审美中，不再是仅仅关注服装的个体或细节，而是对服饰的组合搭配提出明确要求。

传统庞大的瑶族服饰体系非常注重服装的搭配方式，不同分支有着各式各样的服饰搭配形式。大致分为 3 种：上装与裤装搭配，上装与裙装搭配，上装与裤装、裙装一起组合搭配。上装与裤装搭配方式中，有及膝的长大褂与中裤搭配，如云南金平的蓝靛瑶服饰。这与现代时尚青少年中流行的长衫搭中裤的"嘻哈"穿法有些类似。上装与裙装搭配中，白裤瑶女子的宽松肥大的短上衣与"A"字形的蓬蓬裙组合也是时尚流行的俏皮搭配，如图 1-18 左，而上装与裤装、裙装的组合搭配，更是近年春夏女装搭配的常用方式，如图 1-18 右。

图 1-18 上装与裙装的组合搭配

（二）叠穿的着装方式

叠穿是瑶族服饰着装方式中最常见的形式。由于瑶族女子体格较为瘦小，他们通过叠加的穿着方式使自己身形显得更为丰满，以示富裕。这样便逐渐形成了叠穿方式。有长上衣与短裤装的叠穿，裙装与裤装的叠穿，也有多层裙装的叠穿，再加上披风、围裙、花色裹布的组合，形成了具有视觉效果的穿着方式，如图 1-19。

图 1-19 叠穿方式

在以"瘦"为美的现代时尚中，叠穿方式更多的是运用在服装的秀场上。设计师为了体现某种理念（诸如原始自然、田园风情或是颓废低调等），使用叠穿的方式强调服装的层次感和堆积感，如图 1-19（右）。着装从色彩和款式上都显现层次感，展现休闲、随性的都市情调。

（三）衣摆上翻的着装方式

衣摆上翻是瑶族女装中较为普遍、较具特点的一种穿着方式。这种方式是将衣角向上翻折，塞于腰带里，如图 1-20（左）。翻折方法有两种：一种是将上衣三角形状的前后摆上翻对折；另一种是将长袍外套的左右两角同时上翻。无论哪种翻折方式，都是将镶在前摆背后的异色花边露在外面，体现色彩对比。同时，瑶族衣料为粗厚的土布，衣摆对折形成强烈的立体效果，增加了服装的视觉美感。

图1-20 衣摆上翻的着装方式

在瑶族的传统服饰文化中，这种衣摆上翻常常是为了生活劳作的需要，更多强调的是服装的实用性和功能性，在无意识中体现了这种服装形式的美学特性。而在现代服装表现衣摆上翻的着装方式更注重强调其装饰性。主要体现服装设计中的对比、碰撞和打破常规。品牌KENZO的秋冬女装，如图1-20（右），便是将衣摆上翻，露出里布的色彩，与外部面料的色彩形成对比。

（四） 包缠的着装方式

包缠是瑶族着装方式的又一特点，主要运用在头部、腰部和腿部。包缠既体现机能性又有审美作用。在受现代文明冲击之前，瑶族着装中的包缠更多是作为服装的一种连接和

图 1-21 服饰中的包缠应用

固定的方式，而后随着时间的推移，逐渐有了审美的作用。头部包缠主要是用巾帕、棉线、织带类有规律地缠绕在头部。头部缠绕得越大越精致，就表示家境越富有。现代服装中的包缠，多作为装饰方法的一种形式，强调服装的整体风格，如图 1-21。

第二节　少数民族女装款式
在现代服装设计中的应用

一、国内外设计师对少数民族女装款式特点的应用

（一）满族旗袍造型元素的应用

　　旗袍能够恰到好处地显现女性的曲线美，这也就是时装设计中所谓的"高贵的单纯"，这种单纯的式样虽然不如西方裙服那么复杂多装饰，但却尤能反映人自身的美，这种美来自于身材和气质，使人感到愉快。正因为如此，旗袍独特的审美趣味才突破了国界，被全世界所接受和赞赏。活跃于20世纪60—70年代的皮尔·卡丹（Prerre Cardin），是一位崇尚旗袍的世界级服装设计大师，他曾经这样说过："在我的晚装设计中，有很大一部分作品的灵感来自中国的旗袍"。此外，日本的三宅一生，意大利的瓦伦蒂诺（Valentino），也都尝试过旗袍的造型。旗袍领、旗袍开衩的方式更是在时装秀和设计大赛中多次出现。

图1-22　高田贤三作品　　　　　图1-23　YSL作品1　　　　　图1-24　YSL作品2

《花样年华》中张曼玉一连穿了20多套旗袍，使得旗袍更加流行，更加进入普通人的生活。其设计师张延君对旗袍的设计有着独到的见解，她认为完美旗袍的关键在于裁剪技巧和面料，否则就会有饭店服务员制服的嫌疑。她也曾提及几年前到法国学习的时候，看到许多西方女孩穿短款的旗袍配短裤、牛仔裤，或者把旗袍做成迷你裙等，非常有创意。她认为旗袍的神奇之处在于它对穿着者的身材要求并不高，丰满的人或苗条的人都能穿出不同的气质和韵味，关键是裁剪一定要合体，穿着者腰身要挺拔，一定要穿高跟鞋。版型与面料可以说是旗袍的最大的卖点，老裁缝在版型方面深厚的功底，加上独特的西方审美，使旗袍传统中带着一种现代气质。

日本时装设计师高田贤三的一幅作品，如图1-22。黑底红花面料，收腰适体的廓形，中国领、小装袖、高开衩，可以说是由正宗的中国旗袍脱胎而成，稍有改动之处是，右襟变左襟，盘香纽变圆纽，另外，黑色衬里和与袍齐长的红绸衬裙也增添了些许现代感和反叛精神。

伊夫·圣罗朗一款深紫色加上龙纹绣花旗袍带动一袭袭潮流，如图1-23。设计师手下的华服更加细致，腰身、开衩位置都完全遵照旧例，但是在胸前位置的创新就引起不少艳羡，不论是整体的线条设计，还是衣身上的刺绣处理，都成为设计的灵魂元素，高挺的中式立领飞檐般的肩线结合成极为贴身的线条，而细部的中国结式纽扣，与丝绸上的华丽刺绣，完全凸显女性的身段曲线，释出有如高级订制服装般的精致古典；而象征着东方色彩的中国红、土耳其蓝、青草绿，也一同铺陈出够味神秘的中式时尚。另外，YSL发布的几款"旗袍时装"是根据中式旗袍改编的，如图1-24，立领开襟的性感丝质上身和改装过的紧身短装。还有中国甚浓的长风衣，东方人也可以轻松驾驭。其实YSL早在1977/1978年秋冬高级时装发布会中的"中国风"主题系列，其灵感就源于清代的旗人之袍，局部以中国传统的锦缎做立领，如意头镶边和长脚纽装饰。

此外，CD、Versace、RalphLauren……这些领导世界时装潮流的名牌，都在设计上引用了旗袍元素。旗袍含蓄的曲线造型和东方格调深深影响了西方的设计大师们，激发出他们许多的创作灵感。

2004年3月，意大利米兰，Yves Saint—Laurent 2004/2005秋冬时装秀场，中国风情的秀场装饰风格，还没开场即已轰轰烈烈地点了题。各色鲜艳的仿旗袍式立领垫肩缎质套装、用蝴蝶系着盘扣的旗袍套长裤、龙纹云纹中国图腾、用缇花、织锦、刺绣等各种布料及编织技巧，展现极度奢艳亮丽的中国风情。在晚礼服系列中，解构中国服饰的肚兜、侧露式浴袍十分抢眼；而当最后一袭犹如象征着帝王般豪气的黄袍珠绣礼服一登场，满堂热烈的掌声与赞叹声中，即将转行当导演的Tom Ford为Yves Saint-rent留下了最完美的句点，也为中国风又大大地添了一把柴。

1941年巴黎高级女装设计师巴伦夏加(Balenciaga)将旗袍的元素用于夜礼服的设计中。他的直身夜礼裙，裙长曳地，曲线流畅，短袖袖型颇似30年代的旗袍袖，加之中式领，使该礼服上半身有如旗袍的翻版。唯一不同的是裙摆并不开衩，沿用西欧古典款式，并附有塔形裙裾。另一位更著名的高级女装设计师迪奥（Dior），于 1957 年春夏推出一系列中国味十足的礼服，其中两款明显受到旗袍廓形的影响。两款均为直身、圆领、七分袖，袖身紧窄，袍身侧面开衩至大腿中部。如是采用厚重的象牙白山东绸，造型颀长挺拔，摆线略低，更显穿着者的高贵脱俗。当季《VOGUE》杂志曾评论其为"象牙塔般的诱惑！"对于灵感来源，迪奥丝毫不加隐晦，其时装摄影直接以象征中国的石狮为背景，既突现主题又为画面增添了别样的神秘效果。

在款式方面，除了保持旗袍流畅的线条外，服装大师们在设计剪裁时，保留旗袍结构严谨、线条流畅，没有任何不必要的带、袢、袋等附件的特点；在工艺上采用收肩、饰花、穿珠片、刺绣等手法，加强肌理效果；在构造上，采用琵琶襟、如意襟、低襟、高领、低领、无领等，同时又把绘画等姊妹艺术也作为旗袍装饰的手段，那些画有花、鸟、京剧脸谱等图案的旗袍，不仅设计新巧，而且风格典雅，富有韵味，把服装和绘画融为一体，打破了原来穿着不够舒服的构造，使之一展新容，成为国际服装舞台上的奇葩。另外，生产技术的创新、工艺流程的改进、新材料的使用，都为旗袍形式的发展注入了新的血液，使其获得更广大的运用而成为时尚，重返流行舞台。日本已故画家原龙三郎总结："高领托住了下颚，头部姿势必然端正，即使是坐着时，旗袍的开衩处腿的并拢的姿势也能收到美的效果。"

让·保罗·戈尔蒂埃（Jean Paul Gaultier）在 2001 年将设计的细节加入精致的刺绣和旗袍元素，如图 1-25，卓越的创意设计糅合摩登浪漫的风格，传统元素为女性增添一丝意犹未尽的韵味，并展现出极致迷人的风情。约翰·加里亚诺（John Galliano）在 2003 年将秀场变为令人惊异的中国大戏台，如图 1-26、图 1-27，戏剧夸张的东方脸谱和浓烈的鲜

图 1-25 让·保罗·戈尔蒂埃的作品"刀马旦"

图 1-26 约翰·加里亚诺的早期作品

图 1-27 约翰·加里亚诺的旗袍元素作品　　　图 1-28 巴伦夏加的时装

艳对比色。汉字图案、中国牡丹、夸张的荷叶边，旗袍元素，加里亚诺以超级强烈的视觉挑战时尚美学，将中国风格的服装推向了一个新的高度。2004 年，巩俐在奥斯卡颁奖礼上身着伊夫·圣洛朗（YSL）的新式旗袍，将旗袍的流行推向新的高潮。2005 年春夏，乔治·阿玛尼（Giorglo Armanl）用中国元素与法国 20 世纪 30 年代流行元素相结合，异常惊艳。侧襟、盘扣、立领、中国结、流苏等，颇具东方情调的细节被运用得相当西化。大师的设计透出无限灵动——除了走在时尚的尖端外，更多的是自我的表达。在这些创意元素的点缀下，中国风格的时尚魅力夺目而出。

　　现在，中国清朝宫廷的龙袍，清朝官服的补子，清朝袍服的马蹄袖，士兵铠甲等，都出现在世界时装秀场上。巴伦夏加（Balenciaga）2008 年发布会上，运用了清朝盔甲的质感，旗袍的款式，如图 1-28，新颖而又独特。2004 年，迪奥的首席设计师加里亚诺，以清朝宫廷服饰元素为灵感设计的高级时装，运用了龙袍，盔甲，马蹄袖等元素，如图 1-29，给观众上演了一场清代宫廷盛宴。2009 年的高级时装发布会上，如图 1-30，Naeem Khan 使用了大量清代宫廷服装元素，补子纹样、龙袍、旗袍、"十八镶滚"等元素都搬上了国际舞台。

图 1-29 约翰·加里亚诺清代宫廷元素的作品

图 1-30 2009 年 Naeem Khan 发布会

2006 年，世界顶级化妆品 M.A.C 在挑选旗袍时融入了艺术性和反叛精神，最终选定了有着标准中国风情图案的 12 款旗袍，比如牡丹、蓝柳、扇、水和珍珠等，如图 1-31，而所有这些图案均由 M.A.C 的专业产品绘制而成。

图1-31 M.A.C的人体旗袍彩绘

　　服装设计布局的元素是由设计者的思路、服装人体结构、工艺制作技术及服装服饰搭配等组成，其中设计布局包括外轮廓造型、款式、装饰、线、面、各种图形及色彩等；服装结构是指服装在衣片上产生的结构线条；工艺是指制作服装而选用的各种手段；搭配是指内外衣、上下装、衣服与配件的各种关系。

图1-32 郭培奥运礼服

因此我们需要在保留传统服装风格的同时打破原有中装布局，融入新的元素和新的布局形式，不拘束于曲线布局形式（包括外轮廓曲线布局形式和内部结构曲线布局）。不光只局限于中式特色传统服装中，而更普及的运用到了日常生活装乃至于世界时装设计中，不论是在职场上还是在礼宴上，如图 1-32，国内还是国外设计师们都会以一种巧妙的新组合、新形式加以广泛运用。

（二）现代服装中的傣衣结构

可以说，在近现代和当代的时装流行中，由于傣衣能充分体现女性优美的曲线而被大量服装大师争相借鉴，傣族服饰又充分地展示了自己的风采，20 世纪 80 年代初，中国的改革开放春风吹开了通往世界的大门。各国服装界人士在相隔 30 年后重新领略到中国——这一文明古国的传统服饰风采，于是大量的设计师注意到了少数民族服饰，更是多次参考利用。

图 1-33 范思哲服装设计

意大利米兰超短、低腰，露出细细的腰，紧紧的翘臀，当上衣正变得越来越飘逸轻薄的时候。不知是拥有健美身材的人多了，还是裁剪师们塑造翘臀的技巧高了，这一季的超短紧身衣裤，比以往更能突出女性曲线特点；美国芝加哥科技俏娇儿，科技化的世界并非是专属于理性、严谨的行业，时尚和科技齐步走，从科技中发现更新的灵感、更好的技艺，于是，时尚变得更新奇、更有激情。时装也更充满未来之感，留给人们更多的想象空间。面料肌理的对比、表面光亮的反射、立体感未来感鲜明的剪裁等，加上对于世界融合的民族理念。例如，詹尼·范思哲（Giannl Versace）享誉世界的紧身裙，不论是采用傣族喜爱的洁白素净或鲜艳荧光，还有装饰着闪光的拉链和透明合成材料的裙、腰，看似高科技的产物，实际上是范思哲对傣族服饰梦想的写意，如图1-33。

新时代的服装设计应该将东方哲学中的"天人合一"的指导思想作为根本的指导思想。在一种整体的、普遍联系的、可持续发展的思想指导下，使服装设计成为一种"少而精"的设计，一种把握"度"的设计，一种科学的、艺术的设计，一种对未来负责的设计，一种"以自然为本的设计"，一种使人回归自然的天人合"衣"的设计。西双版纳的傣族女装早已充分展现现代服装设计这一理念，"设计不是一门孤立的学科，设计师同样不是孤立的个人"。从世界服饰时尚的角度来看，傣族服饰一直保持着它的时尚活力，傣族服饰的元素在不同的时期都不间断地、或强或弱地影响着现代服装设计。这是傣族对宗教、图腾的信仰在服饰上的体现的结果；也是自然生态在傣族服饰上的影响而凸显傣衣风韵的结果；更是傣族人民用勤劳和智慧的创造并吸收兼容现代服饰文化于傣族服饰的结果。

二、学生作品展示

（一）藏袍款式特点的使用

随着与外界交流，藏族服饰曾经受到汉、蒙古、满等族以及波斯等国服饰的影响，在服饰的色泽和制作等方面取得了进步，但从远古传承下来的服装、服饰来看，在总体结构上并没有多少变化，仍比较完整地保持着藏族传统文化特征。穿藏袍，里面都要穿衬衣。男式衬衣多半是高领，有大襟和对襟两种，用白色绸布作面料的居多；女式翻领用各种颜色的绸布做成。女式衬衣袖子较长，平时卷起，跳舞时放下，袖随舞起，翩翩飞舞，十分好看。妇女尤讲究款式新颖合身。近年在拉萨出现的女式筒服，虽然前面留有藏服的大襟式样，但左右襟不开，合缝成管状形，以较紧身佳，究线条，衣服、衬衣的色调淡雅柔和。

20世纪90年代初，拉萨掀起了一股"改良藏装"潮，设了"T型台"，上台展示的竟全是被重新设计了的藏裙，设计很有现代节奏感，比如男士藏袍，设计者把长袍裁成了两半，拿来穿了衣服，再套上下面一半，整体效果还是一个长袍的模样。这样的设计，是省去了许多麻烦，可不知怎的，还是没能传播开来。究其原因，恐怕还是穿的人怎么也觉得没原来的味道，有些小气，失去了本身所具备的某种品质，比如说一种老成持重感。而女装也是费心整了容的，原来朴素顺溜的领口，突然多了像时装一样的翻领、竖领、毛领……藏族的服饰审美观中，最注重崇尚的，可能还是一个"雅"字，女装没能流行开来的原因，我想可能是犯了这个忌讳。但不管怎么说，这场"T形台"之风，在拉萨人心中记忆犹新，无论成功与否，是一个史无前例的创举，而且它所带来的新东西，继续出现在儿童藏装上，非常的活泼可爱，非常有朝气。

学生作品（图1-34）选取的款式是根据藏袍本身粗犷彪美的特点，利用直线条和不同

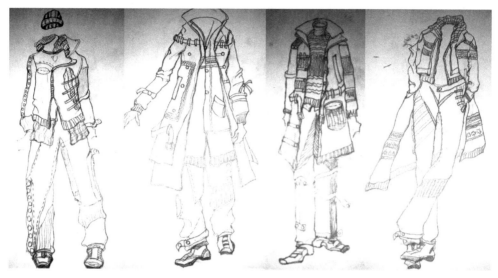

图 1-34　设计主题的线稿

的分割来表达简约大方美，整体系列的款式由传统穿着较为烦琐改成了穿着方便简约，服装的款式向单纯和井然有序的中性风格发展。同时，打破了季节的概念。回归到以往我们一直喜爱的事物。

（二）少数民族女装款式局部细节的设计应用

民族传统服饰可应用于现代服装设计的元素很多，从点的角度来看，古代服装的许多局部特征完全可以应用到现代服装设计中来。常见的立领、滚边、大襟、对襟、盘扣、开衩及中国结饰都可以加以利用，项饰就是从立领这一服饰特色上启发灵感而设计出来的。传统民族服饰的颜色有着严格的规定，很多颜色在今天看来仍不失流行趋势。这些颜色可用于新材料服装的创作，无论大胆、现代的设计，还是含蓄、温婉的风格都可以通过这些颜色表现出来，为现代服装设计提供更为丰富的形式。

学生作品主题系列设计的服装用不同颜色的罗纹形成颜色的渐变排列，分别用在袖口、领子等部位，形成一种整体的排列。再加上在衣身部分运用不同的分割，再分割的部位运用罗纹、皮革等不同面料，在整体协调的基础上，从材质、颜色上给人以不同的感觉。局部的纽扣可以突出简约精细的美。用厚实面料在色彩、外形上给人雅致精练的感觉。

（三）满族女装款式特点在设计中的应用

学生的毕业设计主题《当旗袍邂逅芭蕾》，如图 1-35，此系列主要元素运用了满族服饰款式特点，运用了满族旗袍的领、大襟、斜襟、下摆、马蹄袖、云纹等元素，将其与西方美丽的芭蕾相结合，意在表达一种中西文化结合，发扬中国服饰文化的理念。

图 1-35 《当旗袍邂逅芭蕾》效果图

图 1-36 《当旗袍邂逅芭蕾》成衣图

（四）乌孜别克族女披袍形态元素的设计运用

乌孜别克族女披袍的形态元素特点：很像披风，戴上帽子类似"A"字形款式，不戴帽子遮头类似"H"型款式。对襟、胸前、下摆、衣领处绣的蔓草几何纹样和胸前二侧绣好似二兜的单独适合纹样是具有形式感的分割线，将女披袍分割成很美的几个部分，胸前有一纽扣，呈现出追求、崇尚自然的内在精神意韵。学生作品《编织自然》主题系列在服装形态上抓住女披袍款式外形和内部分割，以时尚的眼光对其进行渐变、重构、组合设计，形成了乌孜别克族女披袍形态元素《编织自然》主题系列服装形态设计线稿1，如图1-37。

学生作品《编织自然》主题系列服装形态设计线稿2，提取乌孜别克族女披袍的款式外形，并且将对襟和胸前二兜的纹饰进行变化，强调整体的长直线，保留住服装的民族感，如图1-38。

图1-39的设计灵感来自女披袍的整体款式外形和内部纹饰的分割线的元素，作者将平铺在胸前的类似兜的绣花纹样立体化，并保持其原有的民族特征，通过渐变作为新袖子的设计形式。

学生作品《编织自然》主题系列服装的形态设计线稿，在款式上的渐变跨度较小，系列感强，而在其内部结构的设计则比较丰富，体现了编织的"紧密"与自然的"空灵"感。

图1-37 乌孜别克族女披袍形态元素《编织自然》
主题系列服装形态设计线稿1

图 1-38 乌孜别克族女披袍形态元素 《编织自然》
主题系列服装形态设计线稿 2

图 1-39 乌孜别克族女披袍形态元素 《编织自然》
主题系列服装形态设计线稿 3、4

第二章

少数民族女装图案纹饰设计

第一节 少数民族女装图案纹饰特点分析

一、民族服饰图案制作工艺多样化

（一）刺绣图案

少数民族通过对周围世界丰富多彩自然物的长期细致观察，然后加以构思与联想，有选择地将它们按自己的思想情感和需要，简化为几何图样、自然纹样和动物纹样绣在服饰上，逐渐形成了自己民族衣身风格。

少数民族的刺绣特别讲究"规整性"和"对称性"，挑花刺绣的针点针距都有一定的规格，有一定的变化规律，或等距，或对称，或重复循环，其中大部分刺绣是用数纱来完成的，图案结构严谨，整齐又有变化，如图2-1。在挑花刺绣图案中，很容易在其中找到圆心和对称轴，不论沿横向还是纵向折叠，都是对称的。许多图案，不仅整个大的组合图案对称，而且大图案与小图案之间也是对称的。图案取材多以对大自然与社会环境美的追求，花、鸟、虫、鱼、树木等都是少数民族服饰中最常见的花纹图案。这些形式多样、制作精美、色彩艳丽的图案纹样，生动地体现了少数民族人民的生活情趣和聪明才智，反映了他们对生活与大自然的热爱。

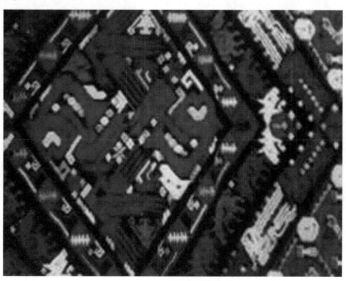

图2-1 数纱刺绣图案

（二）拼布图案

我国传统的民族服装主要是采用手工制作，手工纺纱、织布、染布、刺绣，这就决定了所制作出来的面料颜色、图案单一。因此，人们为了丰富面料的颜色及图案，通常采用刺绣、蜡染和饰缀银饰等方法来改变单调的手染面料，同时，还通过拼接缝制不同的面料，形成一些特有的图案效果。拼贴布艺最初的作用是为了增加衣服的牢度，使衣服经久耐穿，所以布艺花边多缀在易损部位，如领口、袖口、衣襟及下摆等处，后来渐成为一种装饰品，久而久之，蔚然成风。为了达到不同的图案效果，拼布方式如下：

1. 利用拼布装饰整体面料

云南彝族姑娘的上衣，采用三角形彩布拼贴，使得该服装在色彩设计上极具个性，上装绚烂，下装凝重，红缨缀饰包头，与三角形彩布拼贴上衣的搭配，产生了艳丽缤纷的效果，如图2-2。云南省大姚县的彝族女装采用多层色布拼接而成的百褶裙，色彩非常艳丽，彝族崇拜虎，此套服装上的图纹，传说就是模仿虎纹而制，如图2-3。

图2-2 三角形彩布拼贴的彝族女上装

图2-3 多层色布拼接的彝族百褶裙

2. 利用拼布艺术搭配服装色彩

云南文山地区的彝族女装在款式上相对简洁，衣身采用两种或三种对比色面料进行拼接，以求丰富服装的色调，如图2-4。

图2-4 利用对比色面料拼接的彝族女上衣

3. 利用拼布艺术制作服装图案

除了可以利用拼布的方法改造整体面料之外，还可以用不同颜色及形状的布块组合成具体的局部图案。如云南省文山地区壮族女上衣，在其背部及胸前用各色彩布拼接成四方形图案，如图2-5，其纹饰独特，这与该民族的历史及传统道德有关。还有云南省富宁县彝族女裤，在黑布裤的裤腿部位镶三角形彩色布拼接的宽边，如图2-6，使得此服饰色彩古艳雅致，形制别具一格。

图 2-5 四方形拼布图案的壮族女上衣

图 2-6 三角形拼布图案的彝族女裤

（三）装饰图案

满族图案运用平面刺绣的方法装饰服装表面空间，其精湛的工艺与丝绸面料配合使服装充满东方韵味，令人赞叹不已。满族图案在服装中的装饰形式不仅仅限于刺绣，镶、滚工艺在服装中运用也很多，如图 2-8。在清末，市井流行在衣缘处镶、滚装饰，女子衣缘越来越阔，从三镶三滚，五镶五滚，发展到"十八镶滚"。

图2-7　装饰图案

图2-8　玄青缎云纹对襟大镶边女棉裪

　　少数民族女装图案在服装上的应用更需借助装饰和着装方法来体现其审美效果。挑、绣、染、织、镶、盘、嵌、滚、绘等中国传统技艺源远流长，在清朝达到鼎盛。现如今的应用要结合现代工艺经验，更有组织，有选择。考虑到现代人接受能力强，喜欢追求个性的心理。图案的形式可以大胆创新。例如，色彩鲜艳穿珠用于塑造图案，如图2-7，甚至大胆些借鉴高级定制中的手法，例如，蕾丝或具有特点的面料结合图案造型，其上绣珠片或亮片塑造奢华的立体浮雕感，像这样有肌理的贴片运用，对于服饰造型来说会十分凸显气质和提升档次。

　　民族服装中最常用的装饰手法有：刺绣（丝线绣、盘金线、贴布绣、镂空绣等），褶皱（褶裥、皱褶、司马克褶等），钉珠（钉或烫水钻、亮片、珍珠等），立体造型装饰等。

　　这些装饰手法通常都是几种综合使用，这样服装才会更加的丰富多彩。以苗族刺绣来说，图案都是平面的，但是要表达的内容却无一例外是立体的，这样就出现了刺绣多是平面的，不能满足现代的这种立体的视觉欣赏的局面，因此设计师们就创新出了许多立体的刺绣方法，例如，用刺绣的手法制作的立体的花朵装饰在平面的刺绣图案中间，立体与平面的结合，达到更强的视觉效果。选用较粗的线（甚至是毛线）进行刺绣，也可以达到意想不到的艺术效果。刺绣与钉珠相结合，就是在绣好的花型中点缀亮片等装饰，可以弥补绣线不够闪亮的缺陷，使得刺绣更加的光彩四射。同时如果只是简单地运用钉珠，有时在图形的边缘就不可能达到很平滑规整的效果，但是在边缘采用刺绣的手法这个问题就很好解决了。传统的图案设计，采用现代的设计理念，使传统的工艺注入全新的活力，能应用的领域会更加广阔。

二、民族服饰图纹题材异常丰富

少数民族女装的衣着纹饰是依托于其文化内涵基础上，任由服饰匠师们才智、思维想象进行自由的创造，纵观民族女装服饰的创意、造型和表现手法，充分展示了少数民族女装服饰匠师们高超的写实、写意等多方面的技巧与才能。从纹饰题材内容上看，源于古文化和历史的记忆，源于自然环境。从纹饰归类上大致可以分为七类：几何纹、动植物纹、自然景观纹、图腾崇拜纹、抽象纹、变形处理纹。

（一）几何纹

几何纹饰主要是以挑花、织花、织锦及贴花、蜡染等工艺来完成的。

苗族服饰中的几何纹饰包含有十字纹、锯齿纹、水波纹、云纹、雷纹、回纹、井字纹以及几何化的自然物像太阳纹、铜鼓纹、星纹、卷草纹、八角花等。

图 2-9 几何型图案

几何型图纹是组成彝族服饰图纹的基本类型，其装饰的部位见于上衣的盘肩、衽边、下摆、裤脚、裙边等，如图 2-10。在几何型图纹中，最简洁的是线状条纹，线状条纹又因宽度和色彩的不同而异，随衣服部位的需要确定线状条纹的位置、走势。观其彝族服饰中条纹的作用，除具自身的装饰作用外，主要起不同图纹组合间的分隔及连接作用。除线状条纹外，还有三角形、菱形、方形、八角形、圆形等纹饰。与线状条纹不同的是，这几种几何图纹可独立成体，而由其再组织成群，在不同服饰部位，形成纹饰的组合。彝族服装上的这几种几何型图纹，在每个单独的几何图纹中也多有复形变化，不仅有大小形状的重叠，而且在某一种几何型图纹中再套上不同色彩的，单独或一组其他几何图纹以及花卉、虫草等类型的图纹，有的还由不同的几个几何图纹组合在一起，由此组成精彩的图案群系，以加强服装的装饰效果。

图 2-10　彝族服饰图纹

（二）动植物纹

动植物纹饰表现技法可以说囊括了所有能掌握之织、染、绣、贴、补等工艺。

苗族服饰中的动物纹十分丰富，造型也十分奇特，特别是其独有手法的应用，使动物纹饰中的动物纹饰变形夸张，更显其独有的韵味和魅力，它包含有牛、龙、象、虎、狮、鹿、狗、兔、鼠、鸡、凤、山雀、猫头鹰、鱼、龟、蟾蜍、蝙蝠、蝴蝶、蜜蜂、虾等动物纹饰和人。

图 2-11　蝴蝶图案

苗族以蝴蝶为民族象征，把蝴蝶视为自己的祖先，服饰刺绣纹样以蝴蝶为主题，底布用黑紫色，纹样配以朱红、浅红、蓝、白、黄等色。从《苗族古歌》中的歌词："蝴蝶从枫木心孕育出来，长大后同水泡'游方'生下 12 个蛋，由蛋中孵化出龙、虎、水牛、蛇、蜈蚣、雷公等动物和人类始祖——姜央。"因此在服饰图案中出现了相关的动物纹样。

55

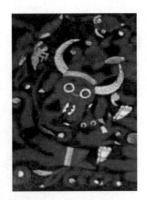

图 2-12 变形的龙纹刺绣　　　　　　　　图 2-13 牛纹刺绣

　　彝族善用虎图纹装饰衣、帽、鞋、帕、褂包等。采用刺绣工艺运用云纹、涡漩纹等纹饰组成虎头或全虎图案。其运用最为出色的要算"四方八虎"图。据有关资料介绍，"四方八虎"图的挑绣程序是这样的，在布或细麻布上按经纬线挑出由"十"和"×"符号组成的外大四方套内小四方、其斜角相错叠成菱形八角状的几何图案，在内四方几何图纹中，绣一树扶桑花，左右对立二虎，虎视眈眈，四方共有四桑八虎，外四方框内每方绣上四朵马樱花，与八虎相辉映，在图的中心绣上太极图，周边串用犬牙纹连接。"四方八虎"具有虎宇宙观哲学原理。

　　鹰图纹多以刺绣的形式饰于鞋上，名曰"鹞了鞋"。鹰图纹的形态分单鹰、双鹰、群鹰多种。绣于宽衣、长袍上的双鹰或群鹰形态雄伟，有的足踞于石，昂头远望谓之"英雄独立"，有的目光炯炯，欲展翅高飞，有"威镇百禽"之势。鹰的绣色有红、白、黑、黄色数种，鹰图有以云、海波、日、月组成的图案作配，一片雄浑大气。在鸟类的图腾中，除鹰之外，还有以白鹤、布谷鸟、凤凰为主要图纹的，其鸟类的主体图纹都有与之相配的辅助图纹，构成一个完整的画面。

　　中国人根据自己对生活的理解和审美观点，创造出千姿百态的龙的艺术形象，龙的形象是具有马首、鹿角、鳄嘴、蛇身、虎齿、蟒鳞、鹰爪、麒尾，几乎各种灵物的最雄美的部件都安装到龙身上来，如图 2-14。

图 2-14 龙图纹

植物纹饰包含有菊、荷、石榴、葫芦、向日葵、鸡冠花、蕨菜、辣椒花、折枝等及山野中水中叫不出名的花卉植物。

湘西黔东板块的苗族服饰以折枝花卉、龙、凤、喜鹊等为重要纹饰主题，并主要运用平绣、织锦工艺技术。这一地区临近中原，又是历代封建王朝征服苗族镇压苗族首要经过的地区，因而受到中原文化影响冲击也较其他苗族地区更深，从现今保存的服饰纹饰看，已经接受了相当多的中原文化的内容，如二龙抢珠、老鼠娶妻、松鹤延年等主题，已经逐渐脱离了苗族自身文化特点，或者说已经把许多原本苗族文化没有的象征意义附着在古老的纹饰上。湘西一带的苗绣实际上已经成为著名湘绣的组成部分，其织锦、印染等工艺则成为湖南古老民间工艺保存最完整的地区之一。

彝族是一个爱美的民族，认为生存于自然界的奇花异草，姿态优美的鱼虫都是美的产物，为彝人所钟爱，所以将众多的花卉、鱼虫种类抽象化，形成特殊图纹，大量用在服饰上。在花卉、鱼虫图纹类型中，尤以花卉图纹引人注目，成为彝族服饰图纹的主体，使人对彝族的服装产生花团锦簇之美感。花卉图纹有茶花、马樱花、莲花、菊花、玫瑰花、水仙花、粉团花、石榴花、桃花、素馨花、姜花、茴香花、茨菇花等十余种。此外，还有多种鱼虫纹饰，构成了绚丽多彩的服饰图纹。在花卉、鱼虫图纹中，有的与其他类型的图纹组成形态及色彩协调的图案群；有的以花卉的枝叶、藤蔓为衬，或间以蝴蝶等昆虫图案，组成图纹群。花卉、鱼虫图纹多采用挑绣工艺，赋予瑰丽色彩而完成。

（三）自然景观

彝族是一个热爱自然万物的民族，生存于自然界的奇花异草、姿态优美的鱼虫都为彝人所钟爱。自然界中的日、月、星辰以及自然现象的光波、水纹，是彝族崇敬的对象，它们也通过使用抽象性的语言而形成图案，用于彝族的服饰上，表现了彝人对大自然的热爱与向往，如图2-15、图2-16。在彝族服饰上常用的自然景物图纹有太阳、月亮、星星、云彩、海浪等。自然景物图纹多与其他类型图纹组合成图纹群，或作为某主体图纹的陪衬用于服饰。使自然万物的纹饰成为彝族人民表现服饰美、表达对自然万物的热爱与崇敬的心理。

图2-15　日月纹

图2-16　星纹

（四）图腾崇拜

彝族对图腾的崇拜极其强烈，其崇拜的对象有火、虎、鹰、龙等。对图腾崇拜的这种精神文化习俗，也反映在彝族的服饰图纹上。火在服饰上是以火焰纹的形式出现的。在云南省红河州的石屏、开远、金平等地，流行一种火焰纹，当地的彝族妇女用镶补的手法，先剪好绿、蓝等色的布质火焰纹样，用红线锁边，缀于服饰的底布上，作为女上装的后摆、衣袖、头帕等部位的装饰。其构思奇巧，如冉冉飘动的火焰，如图2-17。

图2-17 彝族火图纹

藏族人的图腾精神内涵体现在服饰符号化的处理上。藏族人生性豪爽，活泼奔放，迎合着天人合一的气概，结合着气宇轩昂的气魄，彰显着富贵荣华的气息，造就了藏族服饰中的装饰纹样，表现出一种与自然抗争，不屈不挠的信念和求生存、求发展的英雄主义气概以及创造图新的精神。如图2-18，藏族妇女服饰上的"卍"字样和"十"字纹，图2-19所示的装饰纹样就是来源于藏族先民对太阳的崇拜和吉祥物种的尊崇而产生的抽象表达；图2-20所示的长寿富贵图漆在墙壁上以求得生命的长寿平安，象征生命长寿的纹样有鹤、山、水、树等；藏民认为龙是吉祥和地位的象征，绘于服饰上象征着富足和高贵；还有蝙蝠纹、八卦太极、龙凤吉祥、枝条柳叶等也是他们服饰装饰纹样中常见的图案，图2-21是藏袍样式，上面的植物花纹就是吉祥之意，表现形式概括精练，这是藏族人民对装饰纹样能动性的体现。

图 2-18 "卍" 字样

图 2-19 吉祥纹样

图 2-20 墙壁吉祥富贵图

图 2-21 藏袍中的纹样

（五）抽象图案

傣族服饰形态纹样的形式来源于生活，来源于自然，是由自然原型上进行写实演变、推移、扩展而来的艺术写实纹样、抽象纹样、装饰纹样等构成，但是总体来说是对自然之相的拟形与写意。现代傣族服饰上的纹样有的夸张变形，更有的荒诞离奇，而这个正是民族服饰纹样的独有的特点，仔细品味在这个无理中却无不有创造之情与意，它们已成为带有鲜明特色的构图方式与视觉关系，有些人称之为"第三造型艺术"。其实用于组成纹样的题材多种多样，深入看之，每个纹样都是一种东西所衍生出来的新物体。每一种夸张离奇也是崇高的象征，每一种离奇荒诞无理的造型中藏着某种精神的崇拜。有研究表明，傣族服饰上的虎裔是希望未来的孩子自由自在、活泼可爱的意思，这种纹样达到了实用和象征的完美组合。

这种抽象图案在侗族服饰中也有体现。侗族的衣服多以单色布料为底布，再以彩色丝线在布上织绣各种精美图案为装饰，这些图案纹样大多织绣在衣领、对襟、袖口、下摆等显眼或易磨损的部位，既增强了衣服的耐磨性，又装饰美化了服饰，是实用性与艺术性的完美统一。侗族服饰图案题材十分广泛，纹样丰富多彩，有较抽象的几何图形，主要是运用点、线、面按不同的方位排列、交错、重叠、连续等来构成图案，有人纹、鸟纹、鱼纹、雷纹、水波纹、回纹、羽状纹等。这些服饰上织绣的几何纹线条纤细流畅，组合图案缜密完整，构图繁复多变，几何纹和各种纹样穿插组合，使整幅图案协调一致，给人以繁缛瑰丽之感。这些构图线流畅，画面生动，富于变化，抓住形象的主要特征，在写实基础上进行夸张、变形，同时借助长短不一的线、大小不等面和似是而非的形加以组合，使图案既富于变化又和谐统一。在结构上，则较多讲求对称原则和整体效果。侗族服饰图案对称性比比皆是，如对龙、对鸟、双凤、双鱼等，图案讲究布局均衡匀称。

图 2-22　侗族图案

瑶族服饰中的抽象艺术也是通过服饰纹样的抽象造型来体现的，它以印、染、绘、织、绣等各种手法创造了或古朴纯正，或繁缛华丽，或开合自如，或疏密有致，或典雅精致，或色彩斑斓的纹样世界。我们不仅可以从中体味到世俗生活的魅力，亦可感到来自于神异世界的某种力量。而诗意的幻想，造型的变换，抽象世界的节奏韵律，色彩配置的明快流畅，更使我们感受到一种审美的愉悦和自由。瑶族妇女把生活中所喜爱的丰富多彩的物像，经过高度概括夸张、变形等艺术处理，浓缩成由点、线、面组成的极为简练生动、形神兼具的抽象图形的装饰纹样，如图 2-23。并以简练的手法，运用粗细、曲直、长短不同的线条变化和交叉排列，把形象简单朴实地表现出来。抽象纹样大胆夸张的艺术处理，使物像既有动势之韵味，又有装饰美，形神兼备，造型完美，给人以妙趣横生之感，使图案达到相当高的艺术境界。在瑶族服装的纹饰造型中，抽象造型也许是最接近他们审美理想的一种造型。在这里所有的观念制约被置于次要地位，许多禁忌在这里解体，各民族创造者或把来自各个领域中的原形态合为抽象图形或在对象上直接呈现出各种抽象结构。在这里，秩序、平衡、对称、和谐、匀净、疏密、对比、变化便是一切。

图 2-23 瑶族服饰的抽象纹样

（六）变形处理

哈尼族服饰纹样具有直率反映生活特征的突出特质，绝大多数纹样均取自于客观原型，往往是从一种基础纹样经过演变、扩展而成为多种纹样。哈尼族服饰纹样极善变形，在其服饰纹样中难以找到不经过变形处理的。无论是人物、动物、植物、自然景观，也无论是刺绣拼贴，还是扎缬编缠，几乎无一例外地都源于实物，而非写实自然的变形纹样。

纹样中的变形，变得异想天开，有的几近荒诞离奇。其中，不依常规地将各类美好之物结集一堂是惯用之法。将互不相关的各种物体部分组合，衍生出一种并不存在的新物体，另外，纹样的变形依附于某一具形物之上，形与形之间相互镶嵌，达成或丰满或纤细的美的形式。再者，大量纹样的几何形构成往往成为强化变形风格的积极因素。几何形纹样与自然形纹样的不同表现形式多取决于对面料经纬纱线所形成的表面肌理的依附程度，当缝绣贴补以细数纱线来决定纹样的形与位时，多表现为几何形纹样特征。色线织锦则是在这一准则之下的另一种表现几何形纹样的工艺手段。几何形纹样较之自然形纹样的自由无拘而言，主要表现为严密、规律、比例、节奏的理性美。哈尼族服饰中大可多见此类几何形纹样，如图 2-24。

苗绣纹样在造型上同样大胆地采取了变形与夸张的艺术处理，苗家妇女们为了审美的需要，把蝴蝶的翅膀装在鸟的身上，虎的身上还出现鱼鳞，动物的眼可以长在背上，她们能够创造鸟形的花，也能创造花形的鸟。创造了各种看起来不合理而合乎其原始思维的艺术形象。在对其表现手法惊叹的同时，我们会推翻之前对心中意形的理解，从一种片面甚至是呆板的思维中解放出来，但是又不完全是混乱而无序的，是一种思想上的有秩序而有目的的解放，并在创造艺术品中再现这种大胆的想象图形，并将其为我们所用。

图 2-24 哈尼族女子服饰图案

纹样的表达意境与人的心灵情感紧密相连，将多盈与富足、美满与团圆、情爱与善恶表现得淋漓尽致。平面空间的巧妙分割，虚实主次的处理以及变化与统一、条理与反复、均齐与平衡、节奏与韵律、比例与对照等形式法则的运用，无一不体现着各民族纹样丰富的装饰性和有意味的形式美。

三、民族服饰图案色彩丰富

民族服饰的魅力除了它丰富的款式、华丽的银饰、优美的纹饰和精湛的工艺技术外，就是其色彩的大胆运用。早在《后汉书》《搜神记》等书中就已记载了苗族"好五色衣服"的文字资料。正因为苗族服饰色彩给人以强烈的印象，以至于明清始至今日凡是接触过或与苗族共居一地的其他民族的人们，常常以服饰的颜色为标准对穿着不同的苗族分支系划为"白苗""花苗""青苗""红苗""黑苗"等。把眼光瞄在各支系的色彩上，我们不能忽视各个支系在用色上是存在个性和差异的。而这种色彩个性与差异，正是构成了苗装的支系个性特征之一。尽管在他们服饰的色块中很难找到单纯一种色彩，往往将颜色交叉运用，但总能让人在视觉上感觉到有主次色的搭配。这就是苗族运用色彩的高超之处。例如，湘西一带的古裙大致有两种。一种是朱红色棉、缎或毛织布为裙料的百褶裙，除红色外，裙脚以黑色布拼接，在靠近裙脚处以白、黑两色丝线刺绣图案，红色成为主题十分抢眼；另一种裙也是百褶裙，是由 24 道黑红相间色块组成，在视觉上这种色块搭配同样突出了红色为主色调。正因为如此，此地的苗族被称为"红苗"。而雷山丹江一带衣袖绣片至少用桃红、朱红、银灰、草绿、紫罗兰、橘黄、藏青、金黄等颜色丝线，但在具体搭配时巧妙运色，加上紫青的底布，同样让视觉产生以草绿为主的一种印象，并在绣片上任意钉上金黄色的微细金属亮片，使绣片在强光下光泽闪烁，再以这样的绣片镶在青黑色的衣服上，穿着时以黑红相间的飘带裙和华丽的银饰相搭配，青、草绿、银白、红几种颜色的和谐过渡，显得端庄典雅。

　　苗族人民在的实践中逐渐掌握了染色的颜料和工艺，并形成了自己独特的用色规范。从苗族配色中，我们发现黑红、黑红白、黑白、青黄、黑蓝、红黄等对比色、过渡色是他们经常运用的规律。我们还不能断言说，苗族人民已经具有冷暖、静动方面的色彩观念，但是有一点可以肯定的是，世代传袭的为他们所接受的配色形式，已经在他们的心中形成一种美的尺度。他们用这种美的尺度创造的服饰艺术，给当今服饰艺术的爱好者和设计者提供了极好的视觉享受和色彩设计的元素之泉。

　　满族服饰的色彩同样艳丽无比。满族图案的色彩受阴阳五行影响，有青、红、黑、白、黄五色之说。青、红、黑、白、黄色被视为正色，其余颜色则为间色。满族传统上有尚白的习俗，以白色为洁、为贵，白色象征着吉祥如意，所以，在满族服饰中常在红色、蓝色等其他颜色的旗袍上镶白色的花边。满族的服饰色彩多以淡雅的白色、蓝紫色为主，红、粉、淡黄、黑等色也是其服饰的常用色。除黄色外，一般用天青色或元青色作为礼服的颜色，其他深红、浅绿、酱紫、深蓝、深灰等色都可作常服。

　　藏族装饰纹样色彩表现对比强烈，如红与绿、白与黑、黄与紫，并运用复色，如图3-25，展示了藏袍丰富艳丽的色彩变化和对比，整个服饰色调明快和谐。图2-26所示的是藏族妇女的腰间彩带，这在藏族地区被藏民称为"帮典"，五彩的色条体现出了女性的魅力与美丽。

图 2-25　藏装的装饰纹样

图 2-26　帮典纹样

彝族服饰集多种装饰工艺于一身，美观大方，纹样丰富多变，种类繁多，一般以黑或近黑的青蓝等色为主，衬以红、黄等色，尤为注重红、黄、黑三色的搭配和图案的选择，单纯之中显露出丰富的感觉，象征着彝族人民的刚强、坚韧和善良。彝族传统的黑、黄、红三色，庄重的黑色、美丽的黄色、热情的红色，构成其有浓郁民族风格的几何图案，具有浓厚的文化底蕴。黑、红、黄三色错综调配，间隔使用，基调是红、黄两色，形成鲜明的冷暖、强弱、明暗的对比。色泽明快艳丽、粗放简略，花纹清晰，线条流畅，活泼自由，简练明快，刚劲豪放，典雅庄重古朴，形成一定的空间感，从而产生出和谐的韵律。

图 2-27　彝族男子

图 2-28　彝族小孩头饰纹样

四、民族服饰图案寓意丰富

民族服饰图案纹样丰富，色彩艳丽，同时这些图案所蕴含的寓意更加丰富多彩。如清朝末年兴起的氅衣，如图 2-29，其纹样精致程度尤为突出，花纹不仅造型优美，而且寓有深意。统治阶层专用的龙、蟒、凤、翟，威严而庄重。一般的福、禄、寿字，江山万代、富贵不斩、团鹤、团花、八宝、八吉祥，以及法轮、宝盖、宝剑、蝙蝠、意、卍字、云板、花篮、竹筒等，都寓有吉祥如意等我国民俗中的美好祝愿。清代后期，氅衣又出现许多近于写实的花纹，如寿桃、喜鹊、云鹤、牡丹、佛手、石榴、梅、苗、竹、菊等，甚至山水亭榭的风景，以及仕女人物也都织成各种纹样，反映了战乱年代人们日趋求实的精神。

图 2-29　清代绛色缎绣牡丹蝴蝶纹夹氅衣

民族服饰中图案所蕴含的寓意通常体现在以下几方面。

（一）图腾崇拜

纳西族羊皮披肩上的设计效果有着强烈的视觉冲击力，披肩上的各种对比体现出一种既矛盾又和谐的统一的整体。披肩主要由黑白两色组成，如图 2-30，白色代表天，黑色代表地。对羊皮背饰图案的形成，有不同的传说。"纳西族女子双肩挑着雪国古城的太阳和月亮，这传统的羊皮披肩上的两个彩线圆盘分别代表太阳（左）和月亮（右），两个圆盘

图 2-30　丽江纳西族妇女起舞高歌

的底下的小圆盘则象征北斗七星。"其一认为：缀在羊皮上面的大圆图案，左圈代表太阳，右圈代表月亮，7个小圆则代表七颗星星，因而被称为"披星戴月"，寓意纳西族妇女的辛勤劳动之志；其二认为："纳西族古时候很崇拜青蛙。根据纳西族母系社会时期的图腾崇拜，蛙和蛇为两个母系社会时期崇信的图腾物；先民取蛙的一个母能生殖千万只蛙的生育内涵，以及蛇的一个母能生殖百十条蛇的生殖力和蛇的脱皮再生的返老还童的功能。"这种较强的生育能力，反映在服饰上则强调妇女的生育观。

（二）宗教信仰

藏族服饰装饰纹样在祈求生活美满的宗教理念方面，体现了种族、氏族、登记制度的社会意识。每一种装饰的纹样作为一种物象形态，都有超乎本身所包含的那些个别的精神意义，装饰纹样由于在宗教文化中具有折射功能，总是在宗教仪式中体现出人们祈求、希望、恐惧、祝愿、怀念、倾诉等精神世界的宣泄、抚慰、膜拜等需要，这便是所谓的深层次服饰装饰纹样的精神内涵，宗教纹样以它特殊的方式巩固和延续着服饰的惯例。

（三）等级差异

清代满族图案是集历代纹样之大成并发展演变而来的。它把夸示皇亲国戚、达官贵人的尊贵身份和彰显幸福与长寿的美好意愿，完美地表达出来，是宫廷服饰中不可或缺的重要部分。根据《大清会典图》规定：文官一品绣仙鹤，二品绣锦鸡，三品绣孔雀，四品绣云雁，五品绣白鹇，六品绣鹭鸶，七品绣鸂鶒鸟，八品绣鹌鹑，九品绣练雀。武官一品绣麒麟，二品绣狮子，三品绣豹，四品绣虎，五品绣熊，六品绣彪，七品八品绣犀牛，九品绣海马。

图2-31　清代满族龙纹样·

龙纹是皇权的象征，立龙、正龙和万福万寿或八宝平水图案绣文都是皇族绣衣的常用图案。在民间金色团花纹、片金花纹、金绣纹饰在裙边或裤腿，镶黑色绣花栏杆或袖边镶白缎阔栏杆，而袖口镶白底全彩绣牡丹阔边，加上采用大镶滚装饰也是满族人所钟爱的。这些都是他们长期的审美；贵气、鲜艳、装饰性强，从服装的图案显示自己的地位以及美好的祝愿。

氅衣是清代满族服饰的一种，氅衣的纹样繁杂，不同等级所绣纹样各有不同，所谓"图必有意，意必吉祥"，因此现如今我们仍可以从流传下来的清代服饰中了解到服装穿用者的身份地位。如慈禧因一生极喜爱兰花、梅花以及许多具有长寿含义的纹饰，所以在为慈禧缝制氅衣的绮华馆中，收藏着众多她喜爱的有各种纹饰的氅衣，包括兰花纹、朵兰纹、兰芝纹、墩兰纹、梅花纹、菊花纹、竹叶纹、大斜万字纹、长圆寿字纹、万字长寿纹、万寿长圆寿字纹等，这就是一种发展的方向，让消费者所购得的服装有自己的印记，在服装上装饰他们独有的东西，实现个性化的服务。在现代服装中，这种服饰的专有标志在一些高级定制服装中仍有使用，如在服装中绣上定制者的名字。其实大众化的成衣也可以在这方面大做文章，如一些针对年轻消费者的服装上有"哈韩""哈日""哈英美"的，印上一些"酷"的外文。

藏族服饰纹样也体现了等级差异的特点，贵族藏袍和民间藏袍的差异主要体现在质地和花纹上，贵族服饰质地精细，花纹讲究独特，上面绣有龙、水、鱼、云等吉祥纹样。民间服饰则大多为大领无衩藏袍，质地为氆氇，腰束皮带，有时佩戴小刀作为装饰，在纹饰上没有丰富的变化，工艺不如贵族藏袍精细。等级地位的不同决定着服饰穿着的不同，这是藏族服饰装饰纹样的一种文化结构。

（四）审美意向

在民族服饰中，由于地区之间、民族之间、贵族与百姓之间各种价值观、审美观的不同，因此体现在服饰上，每种服饰所体现的审美意向往往不同。

由于宫廷艺术审美的标准和规范，在宫廷绣品中无论服饰纹样，还是佩物小品，都充分体现了构图满而不滞、造型端庄稳重、设色典雅、雍容高贵的皇家气派和尊严。所有意象物体在造型上绝无取巧、媚俗和率意的倾向，这一点和民间绣品所体现的文人意趣、商贾艳俗、乡土稚美的风格有本质的不同。清朝氅衣是宫廷服装，它的纹样绣制一般选用最好的绸缎为面料，而绣线除了以蚕丝所制成的绒线外，还以黄金、白银锤箔，捻成金、银线大量使用于服饰绣品中。其手法先用金银线盘成花纹，然后用色线秀固在纺织平面上，这种用金银线绣出的龙、凤等图案又叫"盘金"，在中国绣品中独一无二，尽显皇族气派，充分体现了富贵精美的宫廷审美艺术。光绪年间这种绣法更是名扬海内外，被誉为"宫绣"。

藏族服饰中装饰纹样审美意向的自然性体现在人们对自然界中美好事物的欣赏和描绘上，其象征意义是千百年来约定俗成的，与本民族的自下而上的自然环境有关。装饰纹样丰富多彩，取材广泛，日月星辰、雷电彩虹、飞禽走兽、花鸟鱼虫，图案纹样都构成了藏族人民取材的直接来源，每个纹样组合和图案造型，都反映出藏民族文化的发展、演变和折射，是形象化的愿望和审美观念的自然反应。人们为了获得神灵的护佑，将这些神化了的装饰纹样抽象化附着在服装及配饰上，色彩鲜艳，对比强烈，造型优美，充分展现了服饰文化特有的本质，充分展示出本土独特的审美功能。他们喜欢使用动物毛皮缝制的皮袍，粗犷而笨拙；使用羊毛织成的氆氇有自然的肌理美感；用天然染料染成的帮典、饰边缤纷绚丽而又和谐统一；金、银、铜、铁、石等天然材料制成的佩饰更显现着一种朴实随意的自然之趣。

苗族刺绣图案中，很多作品都含有一种潜在的象征意义，或喻富贵，或意辟邪，或表生命繁衍，通过不同题材的造型表现，运用了比、兴、赋等手法，来描述那些看不见摸不着的精神心理状态。其主要造型方法有：①谐音造型。如蝙蝠代表福，莲花与鱼的图案表示"年（莲）年有余（鱼）"，喜鹊站在梅枝上的图案喻义"喜上眉（梅）梢"。②假借造型。如借"五子登科""连中三元""鲤鱼跳龙门"等图案表达传统的升官发财，追求富贵的世俗愿望。③联想造型。如"莲花""石榴""鱼""青蛙"等图案，使人联想到生命繁衍，石榴多籽，鱼的繁殖力更强，表达了传统的多子多福、金玉满堂、多子为孝的封建意识。④象征造型。如双鱼、对花、鸳鸯、凤穿牡丹、双龙戏珠、蝴蝶戏花等图案，象征成双成对的爱情生活。⑤直接表达造型。如"福禄寿喜""文房四宝""棋琴书画""龙凤呈祥"等图案，所表达的是人们宜子宜寿，招财纳福、盛世祥和的世俗功利意愿。⑥反意表达造型。如在小孩的衣帽、背带、肚兜上绣有五毒（蜈蚣、蜂子、壁虎、蛇、蟾蜍）图案，用以表达辟邪、消灾、祛病的意念。

（五）对美好生活的向往

与许多无文字民族不同的是，苗族不仅将历史传统倾注于口头文学之中，更将它倾注于图画之中，这主要表现在苗族的刺绣图案里。苗族老人对苗族少年进行历史文化教育时，常指点着服饰图案而说。苗族叙事性服饰图案不仅长盛不衰，而且十分丰富发达，可谓到了以服饰再现历史的地位，成为苗族传世的"无字史书"。它们包括缅怀祖先的创世图案、祭祀图案和记载先民悲壮历史的战争迁徙图案。在黔东南苗族服饰里，大量使用着"蝴蝶妈妈""姜央射日月""天地""黄河""长江""骏马飞渡""江河波涛""平原""城池""洞庭湖"等母题图案，这些图案均显示着苗族历史发展的轨迹。苗绣诸多题材都体现了对真、善、美的完满追求，表达了内心原始本能的向往与祈愿。如寓意幸福生活的"五蝠（福）捧寿图"，祈求多子多福的"蝴蝶戏石榴"，追求美好爱情生活的"鸳鸯戏水图"，怀念远祖的"开天辟地图"，避邪消灾的"八宝图"，反映图腾崇拜的"蝴蝶妈妈图"等。

第二节　少数民族女装图案纹饰
在现代服装设计中的应用

一、国内外服装设计师对民族服饰图案纹饰的应用

以中国传统图案作为灵感来源的服装表现出超凡的震撼力，这些服装的外形虽然是现代的设计方法进行包装，但却流露出中华文化特有的清烟淡墨、不落尘俗的气质。其实在中国味很浓的服装中你很难说清设计的灵感来源究竟是中国的哪个朝代，但是那些元素却让人一看便知"这就是中国的"。如图 2-32，Kenzo 2006 秋冬时装秀，五千年的服装文明太过悠久，历史的黏稠反而给我们的服装概念不是点的清晰而是面的模糊，因为它而具有更多的内涵。

图 2-32　Kenzo 2006 秋冬时装秀

自 20 世纪 90 年代中至现在，世界的时装舞台上阵阵的东方风把中国的龙凤吉祥图案、文字形象图案以及东方的花卉刺绣刮到了西方，不仅让西方人赞叹，更让他们向往与陶醉。少数民族女装图案纹样元素应用到现代服装设计中的主要方法有以下几种：

图 2-33　John Galliano 06 春夏设计

（一）用于局部设计

　　国内中式元素大肆运用到服装中，连世界顶尖的设计师约翰·加里亚诺的作品中也多次出现中国元素，如图 2-33 John Galliano 2006 春夏女装。现在，中国的服装文化越来越受到世界的关注。

（二）用于全身设计

　　彝族传统服饰图案是最具民族感的，其魅力不在于苏绣那样的精密细致或是龙凤呈祥的豪华气派，而是古朴稚拙，具有一种不加雕琢的原始韵味。正如古埃及壁画中的人物和非洲部落的图腾崇拜带给我们的艺术震撼，这种天然粗犷的纹样运用在现代服饰中，给人以返璞归真的独特感受。彝族纹样中最具代表性的羊角纹呈现粗线条的简单抽象的螺旋造型，可以在设计时将图形稍做变化。例如将曲线改为数段直线相接，或是按不规则方向重复单元，赋予其现代性特征。不必遵循传统思维将纹样运用在领袖口、门襟、前胸等处，可放置于特殊的部位，如肩部、下摆、背后等。也可截取图形中的一部分放大，布满整个衣身，或是不断改变每个单元的色彩，造成极具现代感的视觉效果。

图 2-34 彝族现代服装设计（作者 张晓美）

（三）中西元素相结合

加里亚诺巴黎时装周上的作品中反复运用了藏族服饰元素，相比中国的设计师来说，他追求的是一种有形的东西，中国传统的面料，藏族的图腾，以及藏族的色彩，搭配的却是西方的剪裁，流畅、简洁的线条没有刻意凸显模特的身材，但是收紧，超短的下摆，却让两条修长的美腿显露无遗。他为迪奥品牌的设计中运用了大量的藏族图案，给人中西结合、亦中亦西的感觉。在他的作品中，你可以清楚地看到藏族的元素，但却被他作品中藏族服饰元素、材料和色彩的统一所折服。那是一种简洁而直接的艺术，却又是一种高境界的艺术。

图 2-35 加里亚诺作品

2004 春夏 Jean Paul Gaultier 高级时装，如图 2-36 服饰图案的动感与静感的形式美表现精彩：飞鸟蝴蝶在花丛中飞舞，花朵迎着朝阳绽放动态的禽鸟益虫与静态植物相间其中，表现了设计者的理念，即动态是生命力的根本，动态形式显得优美而具有活力，服饰上的凤凰图案，紧合双翼，扬起尾巴，充满了力的扩张，给人一种活泼向上、气势磅礴的美感。

图 2-36 2004 春夏 Jean Paul Gaultier 高级时装

（四）与现代工艺相结合

1. 装饰纹样与现代装饰工艺的结合

藏族服装的装饰纹样多以手工刺绣的形式表现出来，在各种新设备、新仪器、新工艺层出不穷的现代，人们追求的是一种高速度、高品位的生活方式，对服饰的审美也有了很大的提高。藏族"卐"符号、蝙蝠纹、色条纹、日月纹等都是藏族人民推崇的装饰纹样，均以刺绣装饰手法为主，在现代的服装设计中这些民族元素将会折射出一种独特的民族精神与生命力，成为民族服饰文化的体现与升华。

传统的纹样不仅仅局限在棉料、皮毛，还可与丝绸、缎等新面料结合再加工，此外工艺除了印花外，还出现了镶嵌、缝制、熨烫等，变换形式多样，手法工艺灵活，整套服装再配上独具风格的饰品，整系列服饰创新设计便诞生了。

2. 龙纹样与传统手绘相结合

手绘纹样多运用于高档的时装和具有个性风格的时装中。手绘纹样是通过用一定的工具和相应的染料、涂料及辅助材料，以手绘的方法直接在布面上画出图案的装饰工艺。手绘的面料通常选用表面光滑平整、较为薄型，有良好渗化性的织物，如真丝电力纺、双绉、斜纹绸、乔其纱、桑波段和环丽缎、棉布等。因工艺不同，手绘可分为直接绘、防染绘、阻染绘和型染绘四种类型。

直接手绘所采用的色料有染料和涂料两类。染料经稀释后便可直接使用。在织物上作绘犹如在熟宣纸上作国画，大胆落笔，一气呵成。适合表现写意的纹样。涂料由于只能附着于织物的表面，因此可以在各类织物上直接作绘。通常采用纺织品涂料。防染绘是用防染剂在绷好的织物上，先做必要的造型，然后再敷色彩的一种手绘方法。各分为隔离胶防染和浆防染绘两种。隔离胶防染绘与中国画的工笔形式相似，多用于表现以线条为主的团纹样，浆防染适用于表现粗犷的纹样。龙纹样通过手绘形式出现在服装设计中，如图2-37，运用纺织染料直接在织物表面绘制出龙的图案。

图2-37 手绘T恤

3. 与印花技术相结合

在时装设计中，印花技术的使用非常普遍。在服装面料设计和图案的设计当中经常使用到数码印花。数码印花技术近几年在国际上应用越来越广泛，这是计算机技术与印染行业相结合的产物。数码印花是将图案通过数字形式输入到计算机，通过计算机印花分色描稿系统（CAD）编辑处理，再由计算机控制微压电式喷墨把专用染液直接喷射到纺织品上，形成所需图案造型的一种先进技术。印花赋予时装一种丰富的色调、深浅、饱和度从而使其产生各尽其趣的色彩美感。如图2-38、图2-39，在2003年Roberto Caballi和YSL的春夏时装发布会中都出现了东方的龙元素，那一件件印有龙纹样的小裙装和礼服，通过西方贴身的裁剪，配以亮丽的色彩，时尚中透出淡淡的东方神秘感。贴身的剪裁配上迷你裙的超短长度，时髦中散发着性感的味道，从这些设计中我们可以感受到东方独有的神秘感也可以如此的性感时尚。

图 2-38　Roberto Caballi 设计作品　　　　图 2-39　YSL 设计作品

（五）与现代新型材料相结合

　　将民族传统的装饰纹样各类题材同现代各类织物的质感和色彩恰当地结合，能够发挥出非同一般纹样的造型效果，从而达到完美的艺术境界。传统装饰纹样不能只应用在皮毛、棉麻等面料中，更要应用在对装饰工艺和现代材料的处理中，切入流行元素，恰到好处地把设计理念通过民族的装饰纹样淋漓尽致地表达出来，如图 2-46。这才是民族传统装饰纹样的精华所在，也是现代服装设计对民族装饰纹样的一种依托。

　　纹样与材料的结合属于创新的层面，这个过程通常在我们学习期间作为实践和开拓思维方式的训练方法，比如我们可以运用各类材质材料进行服装款式的再改造，呼吁环保为主题的设计可以采用塑料袋进行改造服装款式，也可以利用废弃的光盘，报纸杂志或者钢铁材质的材料进行新思维设计，如 2-40、图 2-41，但是现代服装设计面临的是客户，需要的是舒适性和实用性，因此在服装面料的选择上更应偏重传统面料，比如棉、丝绸、麻、针织等，而作为特殊的材料，如光盘、麻绳等则不能成为面料的主导。

图 2-40 单纯纸质拼接　　　　　　图 2-41 钢丝与麻绳混合搭配

（六）与款式造型相结合

以现代服装的民族元素设计为例进行分析，如图 2-42，这是时装品牌迪奥在高级时装发布会上展示的作品，其最大的成功点就在于打破了本国传统纹样的束缚，吸取中国旗袍样式和中国鲤鱼纹样进行的再设计，巧妙地将款式造型与图案纹样相结合，将现实存在的事物也进行艺术加工，使得整套服装色彩搭配和谐，创新但不失单调之感；使得整套服装款式整体和谐，创新但不失设计亮点，服装精妙到位，没有陈腐之感。

图 2-42 迪奥高级时装发布会图片

John Galliano 在 2005 Dior 秋冬巴黎时装周中，延续着上一季的时穿服装系列，将过去代表性的设计特色，以 20 世纪 20 年代电影中的银幕女伶作为灵感来源。其中，尤以那件以中国传统的黄色锦缎为面料并绣着龙纹的服装为全场的亮点，东方的面料、东方的图腾、东方的色彩，搭配的却是完全西化的剪裁，流畅、简洁的线条并没有刻意凸显模特的身材，但是收紧、超短的下摆却让两条修长的美腿显露无遗，如图 2-43。龙纹样的刺绣在服装中的应用尤其在女装中的运用，表现出女性独有的华美、成熟、高贵的气质。

图 2-43　John Galliano 2005 秋冬设计

少数民族女装图案纹饰元素在与服装款式结合时，通常在如下部位进行设计：

1. 衣边

衣边图案主要装饰在门襟、领口、袖口、衣摆、侧缝等处，起到强调和勾勒服装廓形的作用。衣边图案装饰是少数民族服装中传统的装饰形式，也是现代日常装中最为常见的装饰手法之一。

2. 后背

瑶族服饰后背装饰主要有单独图案装饰和连续图案装饰两种。单独图案装饰的应用，如图 2-44（左），白裤瑶女子服饰简洁抽象的图案不是放于胸前，而是置于后背，有种类似于都市人诙谐和调侃的意味。后背的连续图案装饰，有横向的也有纵向的。广东瑶族女子的后背装饰是珠链和绒线球组成的横向装饰图案，沿着服装分割线一次排列，可爱而隆重。

图 2-44 后背图案装饰

而蓝靛瑶女子，如图 2-44（中），上衣后背则用的是纵向的连续图案，精致的刺绣图案沿后背中心线由上至下排开，打破了服装后背净面的单调，而图案在后背中部戛然而止，这种留有余地的表现方式，又仿佛现代人的某种暧昧的情趣。这种图案装饰方法在现代时尚中也有体现。图 2-44（右）为现代时装中的后背图案装饰，抽象简洁的文字图案体现着都市人的幽默，而后背的拉链，从后领部到背后中部，体现的形式感又与瑶族服饰后背纵向图案装饰有着共通之处。

3. 裤片

在瑶族服饰中，绣花图案在裤片上的装饰有着大量的体现。大多都是横向的二方连续的几何图案平行排列，从裤裆部位直至裤脚，同时，瑶族裤片上图案的排列有一定的逻辑顺序，装饰图案色彩常常是由深至浅、由冷到暖渐变。这种密集繁复的装饰形式类似于现代服装时尚中某些烦琐堆砌的风潮，体现着"时尚"的特征。如图 2-45，南丹瑶族男子白色裤上的五条垂直红线，相传是瑶族祖先为了捍卫民族尊严而带伤奋战的十指血痕。

图 2-45 南丹瑶族男子白色裤子

（七）利用后现代解构法对图案元素进行利用

很多国外设计师往往凭借文化背景之间的差异，经过另一种思维模式的思考，反而使他们或有意或无意地打破了中国传统服饰的固定模式。另外国外设计师在创作过程中始终把现代的生活理念贯穿其中，把中国民族图案元素融入现代生活理念中，其主要表现为运用后现代的解构法，将中华民族的典型样式、线条、色彩等当作一种符号、语汇，通过非传统的手法，组合传统部件，融入自己的设计中，从而构成一种古今融合的中西合璧的手工与现代技术结合的新型美。但是，必须肯定的一点，这种美感是建立在西方设计师坚持自己民族文化基础上，对中国元素、中国民族图案进行创新利用的。

图2-46是祁刚2007年高级时装发布会的设计作品，他将中国古典梅花图案纹饰的刺绣大面积使用，提升了设计内涵和价值。我们可以将同为形式相同、然而造型特点却与众不同的民族服饰图案纹饰，通过打破重构而形成或是装饰性的，或是抽象性的图案纹饰。将它们运用于现代服装设计，强化出民族服饰图案纹饰既传统又具有抽象构成意味与时尚感，并与时尚流行的色彩元素相结合，必能使民族服饰图案纹饰、刺绣在现代时尚风格设计大放光彩。

图2-46　2007春夏祁刚高级时装发布会

二、学生作品展示

（一）民族图案纹饰元素与服装分割线的结合

作者从彝族服装上的方格图案中得到了灵感。这一民族元素既有少数民族的传统特色，又富有现代的装饰意味，如图2-47，民族元素需要"巧用"而不是"套用"，作者把这种具象的带有装饰意味的图案看作是贯穿整体的一个符号，在运用时强调它的灵活性。

图2-47　彝族方格图案　　　　图2-48　中国剪纸图案

在设计时作者把彝族服饰中的花格图案与另一元素——中国剪纸，如图2-48，有机结合在一起。把彩色图案简化成了单色，这样是为了更好地突出主题，韵律的起伏需要有华彩部分，这样整体才能完整而精彩。

作者把抽象了的格子图案灵活运用到款式中，有时作为一条分割线，有时呈现为一个小块面。并且注意到，运用这种图案时，关键是要少而精，在局部位置的经营过程中，一定要考虑到整体，如果用多了，就会感觉到"花"，所以，并没有大面积使用，只在以红色为主色的一套上衣的袖口部分安排一块黑白相间的格子图案，而在其他几套中，把该元素与分割线结合起来去体现。这样就达到了贯穿整体，活跃气氛的效果，营造了热情、活跃的艺术氛围，传递了民族化、时尚化运动装的审美品位。

真正好的体现民族精神的运动休闲服，是不会将代表文化性的文字或图案直接印在上面的，而是巧妙的藏在一些小的细节上，需要形态意象化的创新，或具象写实性的装饰迁移，这些细心的构思往往带给人们很大的震撼。

通过关注民族服装内部形态的分割形式，图案纹饰元素可以和运动装内部的形态分割进行巧妙的结合。如彝族服装中胸前的长方形花格图案，可以结合运动装的拉链来进行分割设计。将黑白格符号作为分割线，在拉链部分进行迁移式设计，做了方向、位置的变化。

为配合主题和营造氛围，将中国音乐十二律的名称（黄钟、大吕等）用篆字的形式在效果图中与人物上下对应，从形式上丰富了作品的内涵，同时也在意境上与"声·释放"的主题呼应。在民族精神与时装化的结合这一层面上，其实就意味着中国之声的绽放。

作品《声·释放》，展现出了作者所追求的独特的艺术品位，效果图的感觉比较整体，而细节处若隐若现的透露出一种中国民族的气势和尊严，包括配饰的设计，与整套运动装搭配得自然到位。使得创作之前的定位"运动装的时装化设计与民族元素的应用"得到了很好的体现。时装化的现代运动装设计呈现出独特的创新面貌，使主题和系列服装的总体效果展现出既时尚又具有中国文化底蕴的精神气概，使系列服装呈现出既有市场前瞻性，又有超前的时尚性的风貌。

（二）苗族刺绣图案与服装造型的结合

在作者的毕业设计中，尝试着以苗族刺绣图案为元素，用现代舞台服装的概念去尝试新的表现方式。如图 2-49 中的元素，"花""鸟""鱼""虫"是苗族刺绣图案中最常见到的元素，在现有的服饰设计中，最常见到的是把这些元素"平移"，或者稍加润色，但是万变不离其宗，都是直接把图案放到已经设计好的服装款式上。换句话说，就是"图案也服装，不图案也服装"。作者试图在自己的毕业设计中，探求不一样的苗绣图案舞台转化。

图 2-49 苗族刺绣图案

图 2-50 苗族刺绣图案的应用一

图 2-51 苗族服饰刺绣元素图

图 2-52 苗族刺绣图案的应用二

例如在整个系列设计中，图 2-50、图 2-52 是利用苗族刺绣图案动物造型来改变服装的整体造型。在元素图（如图 2-49）中是苗族刺绣中很常见的双鱼图案，整个图案色彩跨度大，形象生动。在平面图案空间上，把上面的一切都表现得活灵活现，两条鱼更是活灵活现，使人印象深刻。打破常规地把两只眼睛都表现出来，是在苗族刺绣图案中是最常见的表现手法，在作者看来，这是苗族图案最可爱的地方之一。在元素图（如图 2-51）的图案应用中依然借鉴了这一点，用来表现（如图 2-52）服装中整个鱼龙纹形象的憨厚可爱。

在整个系列中，借鉴元素图（如图 2-49）中双鱼图案的色彩，用来表现波光粼粼的活泼流动的的舞台效果。在服装款式上，没有完全依附于纯西式或中式礼服套路，力求可以表现出一种不同的舞台服装造型，可以明显感受到苗族刺绣图案中的造型和独特的民族气息。

（三）彝族服饰几何形图案在主题系列服装设计中的应用实践

首先作者在收集大量的彝族服饰图片资料后，结合当年的设计流行趋势确立《幽岚笙歌》主题系列服装设计的思路，从中筛选出对《幽岚笙歌》主题系列报装设计最有价值的元素。

主要以几何形图案、线状分割和百褶裙为主，比如旋涡纹、三角图案，圣乍式彝族中青年上衣等，这些构成了，如图 2-53《幽岚笙歌》主题系列服装设计中的核心元素。

图 2-53 《幽岚笙歌》主题系列服装设计中的核心元素

接着作者从百褶裙中提取出最具表达形式感的元素，通过采用艺术构成、渐变等手法将彝族服装的款式转化为装饰纹样、将纹样重构或渐变为款型等构成的手段来进行主题系列中的各款服装设计，形成以元素的转换构成为新的设计形象的研究思路，并将其应用到作者的主题系列服装设计中。此外还受彝族擦尔瓦透气、厚重飘盈的神韵效果的启发，采用的是薄纱质感的玻璃纱并用或疏密或数量的层次来体现更轻盈的褶裙感觉，同时拟设另一组较为厚重的仿皮主面料形成对比，在视觉上达到平衡与变化。

根据可用于主题系列服装款式形态设计的创意图形，进行了主题系列个体人物着装形态的创意拓展设计。例如，将彝族衣袖的线状装饰提取归纳成为衣身上大的分割式结构设计；将原彝族领口的设计加强夸张设计成为更具空间层次的结构，简化图案装饰，更适合现代的简约审美；将原彝族上衣下摆的方形重复式图案结构变形重构为一种款式放大应用在设计当中等，以此为设计方向进行了一些款式和细节的设计，见图 2-55 个体人物着装形态的创意设计线稿，最后归纳了 6 款服装的设计，从中挑选了 4 款具有代表性的作为最终的设计方案。

在颜色方面，虽然彝族尚黑，但作者并未将其作为主色，而是选择了绿色为主，米黄色为辅，用黑白两色进行分割、构成，最后使用银边作为提气和点缀，这样给人的感觉较为现代，不会掉进传统的色调而失去流行感，见图 2-56 至图 2-59《幽岚笙歌》主题系列服装设计效果图。

图 2-54　可用于《幽岚笙歌》主题系列服装款式形态设计的创意图形

图 2-55　《幽岚笙歌》主题系列个体人物着装形态的创意设计线稿

《幽岚笙歌》系列服装材质与色彩风格的定位设计图

图 2-56 《幽岚笙歌》主题系列服装设计效果图 1

《幽岚笙歌》系列服装材质与色彩风格的定位设计图

图 2-57 《幽岚笙歌》主题系列服装设计效果图 2

图 2-58 《幽岚笙歌》主题系列服装设计效果图 3

图 2-59 《幽岚笙歌》主题系列服装设计效果图 4

　　从图2-56至图2-59中可以看出，颜色的选择也是经过多种色调的尝试后定下来的。最初的配色是黄蓝为对比以黑色来调节的设计，但这样给人的感觉过于民族而缺乏现代气息；后调整为藏蓝色为主调，辅以鸭蛋黄进行提亮与对比，依旧使用黑色作为协调，但这样的色调搭配缺少流行感；最后比较中意的是黄色和绿色两种方案，因黄色调过于明亮不如绿色的方案清新，最后选取了绿色方案。简洁、朴实，自然，同样呼应了彝族服装古朴、大气的风格，给人一种回归田园的感觉，又不缺乏现代流行感。经过上述各个环节探索，逐步深入研究最终形成了设计定稿，如图2-60。

图2-60　《幽岚笙歌》主题系列服装设计最终效果图

　　在《幽岚笙歌》主题系列服装成品的制作过程中，强化了绿色的材质给人以自然、清新之感，呼应彝族崇尚自然的精神；谨配以黑色增加了整体服装的分量感，稳重而神秘；辅助白色加强视觉对比，赋予节奏感；以乳黄色点缀凸显变化；最后用银边进行修饰，起到提亮的作用，有画龙点睛之意。

图2-61　《幽岚笙歌》主题系列服装成品秀照图

第三章

少数民族女装面辅料设计

第一节 少数民族女装面辅料特点分析

一、中国南北方民族女装服饰在面辅料选择上的迥异

我国 55 个少数民族分布在祖国的四面八方，呈现"大杂居，小聚居"的特点。我国幅员辽阔，地形复杂多样，气候类型齐全，东西南北自然生态环境差异，分居各地的民族为适应所处的自然环境，创造了不同民族、不同区域的民族服饰。人们沿江河湖海而居，或山林为伴，或居住在高原、平原的草场上，在与自然环境的适应过程中，把本民族特殊的文化内涵注入其中，在服饰上有所体现。因为环境因素，服饰材料多取材于适应当地生活环境和方便制作的自然材料，因地制宜、就地取材形成了少数民族服饰用料的特色。地处寒带的北方民族或狩猎民族，主要以当地盛产的毛皮、毡裘为服饰材料制作衣服，服装款式多为一件式，如满族、蒙古族、鄂伦春族等宽袍长褂。南方少数民族大多地处亚热带地区，气候湿热，服饰材料常以透气性能好的棉、麻、丝绸制作，服装款式也多以上衣下裙（或裤）分开式着装形式。

（一）北方民族在女装服饰面辅料上的选择

生活在北方草原大漠和绵延起伏的高山之间的少数民族，服装审美取向是粗犷豪迈的情致和色彩鲜明的风格，也因为气候寒冷的原因，保暖御寒成为他们的第一需要，所以服装较厚重，服装面料以袍服和动物皮毛为主。从事畜牧业的民族有蒙古族、哈萨克族、裕固族、藏族等，有浓厚的游牧民族风貌。如蒙古族以畜牧业为主，为适应这种流动性的游牧生活方式以及温差变化大的气候条件，蒙古族男女喜爱穿长袍，男子多喜欢穿蓝、棕等深色肥大长袍，腰间佩戴刀子、火镰、鼻烟盒等饰物。女子喜欢穿大紫、大黄、深绿、天蓝颜色的紧身长袍，夏天穿的颜色偏淡，如图 3-1。她们的袍子边缘、袖口、领口等多处缀以绸缎花边和"盘肠""云卷"图案，或用虎、豹、水獭、貂鼠等动物的皮毛做装饰。冬天的女皮袍以彩色的锦缎、丝绒吊面，里子为二茬皮、羔皮和秋羔皮等，做工精细。扎红色或绿色等鲜艳的腰带，足穿高筒靴，其服饰颇为强悍、威武。服饰整体造型具有厚重、古朴的风韵。

藏族生活于我国的西南部，属于高原地区，受寒冷气候及自然环境的影响，长期以来人们为适应居无定所的游牧生活需要，普遍穿袍服，形成了以藏袍为主的藏族服饰特色。藏袍多用羊皮或绸缎、氆氇等材料制成，牧区多为羊皮藏袍，农区则为羊毛织成的氆氇藏袍。

图 3-1　蒙古族女子服饰　　　　　　　　　　　　　图 3-2　藏族女子服饰

在藏北和青海草原以及半农半牧区的藏民们选择了便于起居、迁徙的服装，这种服装有良好的防寒作用，又便于散热。于是他们创造了肥大厚重的羊皮藏袍，这是一种宽领、右开襟的长袍，袖子长出手面三四寸，下襟长出脚面二三寸，无纽扣，腰间系一长腰带。这种藏袍臂膀可以伸缩自如，具有很好的保暖功能，白天可以当衣遮体，夜晚作被可以御寒。藏区内各个地方的服装都有差异，但总体都以袍为主，主体面料大都是羊皮、毡、氆氇等，以虎、豹或狐狸皮毛等镶饰襟边，如图 3-2。

世代生活在大小兴安岭原始森林中的鄂伦春族，在定居以前，他们长期从事狩猎、捕鱼和采集获取生活资料，衣食住行都与狩猎密切结合在一起，因此他们的衣裤、鞋帽、被褥以及手套和挎包等大多用狍皮、鹿皮或犴皮制成。其中以狍皮制品居多，也有用鹿皮缝制的衣裤。鹿皮比狍皮结实、也不易被树枝等刮破，便于狩猎。兽皮制品经久耐磨，御寒保暖，非常适合鄂伦春人在北方寒冷气候中穿过山岭的狩猎生活。冬天大人、小孩均喜戴用完整的狍头皮制作的帽子，狍皮帽保留了完整的狍头皮，晒干后按原状镶上布或皮，用黑皮子镶眼睛，再接上两块皮子做帽耳。帽耳上吊猞猁或水獭等皮毛，帽顶用貂尾做装饰。鞋子和手套也都是以狍皮制品为主，以其他皮毛做装饰。

图 3-3 鄂伦春族男子服饰和狍皮帽

居住在东北三江平原的赫哲族以捕鱼为生，不仅以鱼为食，还以鱼皮为衣，因此历史上称之为"鱼皮部"或"鱼皮鞑子"。满族妇女穿宽大直筒长袍，以棉袍和皮为主，称为"旗袍"，后发展成为中国妇女代表性的服饰。生活在北方草原大漠的少数民族，因为北方地域坦荡辽阔，或大漠戈壁，或宽大的盆地谷地，或高原平原，大漠草原特殊、宽广的地理环境，形成了北方服饰审美取向是粗犷豪迈的情致和宽身肥袖的外观风貌；也因为北方寒冷的气候，服饰面料多以皮毛为主。

（二）南方民族在女装服饰面辅料上的选择

南方少数民族生活环境既有崇山峻岭，又有青山秀水，在这样环境里的民族服饰具有精美细腻、轻盈飘逸的特点。男女服饰多为短衣、短裤、短裙、绑腿、长衫、长裤等几种形式。就地理气候因素来看，南方各民族大多生活在温、热带气候环境里，炎热多雨的气候特征以及独特的生态环境，使其服装在满足人们护身避体、遮挡骄阳暴晒的同时，也要易于散热、便于涉水，被雨淋湿后易于风干，不至于总是黏在身上。面料一般采用棉布、麻布、丝织品或者更轻薄的面料，面料大都是就地取材。

就苗族来说，苗族分布广泛，支系繁多，服饰品类繁多，区域特征明显。面料多以麻布为主，但是在面料上的刺绣、蜡染使服装变得更加鲜艳夺目。多穿镶绣、织补大襟或对襟上衣，着宽腿裤，衣襟、袖口、裤脚等处镶绣花边。许多精美的图案都在花饰上体现出来，一件衣服上的花饰镶好之后，主要的部分都绣上花，故有"花衣"之称。着长或短款绣花裙、蜡染百褶裙或筒裙，以褶多为美。妇女头饰讲究，发髻梳绾式样复杂，喜戴各种银饰物，盛装银饰重达 10 多公斤，"银衣"是苗族妇女盛装中最富丽堂皇的，如图 3-4。百褶裙是苗族服饰中常见的款式，如图 3-5，苗族麻布蜡染挑花百褶裙，是由蜡染布和挑花色布拼接而成，采用了蜡染、挑花、拼花工艺，极具苗族工艺特色。

图 3-4 苗族姑娘盛装

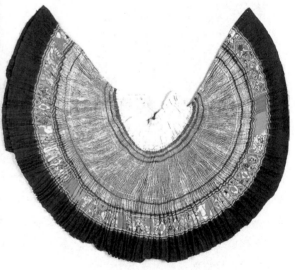

图 3-5 苗族麻布蜡染挑花百褶裙

独龙族的服饰极为简单，大多数人长年只用一块麻布围身，有的人穿两块麻布缝合在一起的上衣，袒右胸、右臂，用草绳或竹针拴结，这种毯子叫独龙毯，如图3-6，是一种五色麻布毯，现在成为一种传统民族手工艺品。

图3-6 独龙族的独龙毯　　　　　　　　　图3-7 侗族女子服装

侗族是一个历史悠久的民族，擅长纺织、刺绣。"侗布"是他们自织自染的衣料，侗族织的布有粗纱、细纱之分，用粗纱织成斜纹状的布；用细纱织成套格方形图案的布或网纹的布。"侗布"就是用织好的这两种布经蓝靛、白酒、牛皮汁、鸡蛋清等混合而成的染液反复浸染、蒸晒、捶打而成。由于制作工艺复杂，"侗布"也很珍贵，侗族以它为衣料，细布、绸缎作装饰。侗族以善于织绣著称，图案精美细致，叫侗锦。侗锦分为素锦和彩锦两种。素锦一般有两种色彩，选用黑白、蓝黑或蓝白色两种经纬线。彩锦多以棉线为经，彩线丝线为纬，织出各种颜色的花鸟鱼虫和飞禽走兽等花纹图案。侗族的节日盛装百鸟衣上，通身各处都镶以侗锦和绣花图案，如图3-7。

在南方少数民族中，还有一些特别的服饰面料，如壮锦、傣锦、黎锦等，它们都是在棉麻布的基础上做出来的有特色的面料。

二、少数民族女装面辅料形制多样

（一）氅衣面料的特点

氅衣出现于道光后期，盛行于同治时期，这个时间内虽然清王朝政治上处于衰落时期，但是织锦技术却发展到了鼎盛时期。清朝政府在江南地区设有江宁、苏州、杭州三织造，掌理织锦业的生产，但三者生产的锦缎用途不同。据《清会典》记载："凡上用缎匹，内织染局及江宁局织造；赏赐缎匹，苏、杭织造。"可见江宁织造署督造的云锦是皇室专用的。清代宫廷中盛行一时的氅衣也就由此种面料精制而成。我国文学巨著《红楼梦》的作者曹雪芹，其曾祖曹玺、祖父曹寅、伯父曹颙、父亲曹頫先后担任过江宁织造这一要职长达 59 年之久。《红楼梦》中人世繁华的描写就源于作者家世生活的感受，书中对于各阶层人物的衣着和室内铺陈的各式锦缎从品种质地到花纹色彩，从形式到审美情趣、审美价值都有极其细腻真切的描写，反映了当时江宁云锦的辉煌。清代著名书画家郑板桥在《长千里》诗中"缫丝织绣家家事，金凤银龙贡天子"之语，也说明了当时江宁织锦业的繁华景象。

江宁云景艺人于明代以前发明了手工加金妆彩"妆花"锦缎，使得江宁云锦相比其他锦缎色彩更为丰富，在整体横向幅面上，可以巧妙织出五六个单位花纹的横列的"同物异色""等效异形""同纹杂色""同素异构"等质、色、纹变化的，肌理有高凸变化的妆花织物，大大丰富了妆花织物的品种。用这种面料制作的氅衣，时至今日仍令人叹为观止，而这种逐花异色的传统彩织技术现在仍不能为现代化的织机所代替，仅能用传统手工方法操作。

（二）纳西族七星披肩的面料特点

七星披肩在面料上采用羊皮，一是可以御寒，二是可以护体，三是美观。这些在服装设计中也是很重要的，面料的薄厚、肌理、成分、色泽等不同，它的功用也就不同。

（三）彝族传统衣料特点

彝族传统衣料以自织自染的毛麻为主，麻料可以散热，毛料可以保暖，以适应高寒地区复杂多变的气候，也经久耐用，很少用绸缎等细软面料，用手工制的布匹羊毛制品做成的服饰因面料本身的厚重粗犷而拥有了质朴博大之美。彝族的"擦尔瓦"、汉族称披风，就是古代披毡传统的承袭。在独特的生态环境下，彝族人民创造了多种用途的披毡。夏当被、冬保暖，下雨天还可用来挡雨。乌蒙山型和凉山型男子服饰至今犹存披毡传统习俗，而滇西型和楚雄型却演变为羊皮坎肩或羊皮褂，如图 3-8。

（四）藏族服饰面辅料特点

藏装是藏族人民的起居、旅行、劳动方式和审美观所决定的。农区和牧区的服装在用料和制作上各有不同，

图 3-8 彝族羊皮褂

图 3-9 藏族妇女服饰

图 3-10 安多妇女服饰

但它们的基本特点都是长袖、宽腰、大襟、肥大。农区的服装为藏袍、藏衣、衬衫等。藏袍以氆氇为主要材料，也有用毛哔叽等作料的。藏袍数十种几百种，拉萨男式大领无叉长袍；拉萨女式夏季无袖长袍；邦典镶嵌的长袍坎肩；十字花氆氇呢袍服；林芝的宽肩无袖套头"古秀"……袍服的领、袖、襟，底边镶上的花呢、绸缎、豹皮、虎皮、狐皮、獭皮、珠宝，再加上各种头饰、挂饰、佩饰，在其雍容的穿着中，展现出高原人的雄健气质。

古代藏民族只穿本土生产的氆氇及皮装，后来在逐渐发展与汉地和印度等的货物交换的影响下丰富了藏民族的服饰种类，比如上层贵族和商人等富有者在男女的冬夏服装方面，有西藏的氆氇协玛和次等协玛、细氆氇、毛呢、汉哔叽、布绒、缎子、大绸、绸子、茧绸和猞猁皮、狐皮、羔羊皮的服装。男性的靴子有印度皮和黑条绒，布拉料做的靴子，长筒靴子，毛呢装校的夹底靴子和管筒靴。女式用毛呢铸饰的夹底靴，管筒靴，靴子不仅用各种彩色丝线绣成的衣纹装饰，在称谓"贵夫人"和"小姐"的最上品的靴上还有用珍珠镶衬的习俗。藏式协玛和毛呢面料及丝绒纱成的彩虹纹的围裙角上腰带处用各种金丝锻镶缀，系各种绸子的腰带，有的还用丝线织成的鞋带，贵族绅士，冬季戴缎子面料上用锦缎的间衬及俄罗斯缎的面底上用海龙和獭皮镶边的大仄帽，还有人戴一种叫长寿金丝缎的帽子和毡帽等品质上乘面料的帽子，中等人家的少数男女也穿协玛和次等协玛、细氆氇、毛呢、汉哔叽、绣绸、绸子等面料的饰装。次下等大多数人穿细氆氇和开毛氆氇、粗氆氇、薄毛哔叽、绵丝哔叽、假丝、锦厚丝、代茧绸、薄纱、有毛锦、喀拉等面料的服装及男式鞋；

少数人穿印度皮和布拉、条绒的靴子及皮鞋，女性穿藏式靴、管筒靴、帖里等毛呢及氆氇装嵌的靴子，系厚丝和布做的腰带，女性还系协玛及细氆氇的面料上金丝缎加衬的围裙，如图3-9。

（五）侗布和侗锦的特点分析

1.侗布

侗族是一个历史悠久的民族，源于古代"百越"族系。侗族擅长纺织、刺绣，他们自纺自染的"侗布"是侗家男女最喜爱的衣料。侗族织的布有粗纱、细纱之分，用粗纱织成斜纹状的布多用做棉衣里子；用细纱织成的平布分两种，织成套格方形图案的叫"双堂布"，织成网纹的布叫"棉给"。"侗布"就是用织好的这两种布经蓝靛、白酒、牛皮汁、鸡蛋清等混合成的染液反复浸染、蒸晒、槌打而成。由于其制作工艺复杂，"侗布"非常珍贵。侗族多用侗布做衣料，细布、绸缎多做配饰；喜用青、紫、黑、蓝、白、浅蓝色。

2.侗锦

侗锦，历史上又叫作"诸葛锦"，史书记载，早在清代乾隆年间，贵州黎平县的侗锦就名扬四方。侗锦分为素锦和彩锦两种。素锦一般为两种色彩，选用黑白、黑蓝或蓝白色两种经纬线。彩锦多以棉线为经，彩色丝线为纬，织出各种颜色的花鸟鱼虫和飞禽走兽等花纹图案。侗锦的图案有许多讲究，常见的龙纹图案代表吉祥长寿。侗家风俗青年女子结婚要向婆家的每位老人献上一块绣有龙纹图案的侗锦，表示尊重。侗锦多为几何抽象形，精美大方，古朴典雅，色彩和谐。

（六）基诺族的自织麻布"砍刀布"

基诺族服饰的独特之处在于他们的土布多用棉麻混纺，并以原色土布为衣料。这种纺织品织布时，每织一梭都要用织刀砍扎紧密，称为"砍刀布"，它既不滑润、又无光泽，但却厚实耐用，是基诺族独特的衣料。

基诺族纺织的历史悠久，大多由妇女手工操作，每年棉花收获以后，妇女要敲打脱籽，用竹筒纺成绵，用自制纺锤纺成棉线，再使用简单的腰织麻布机织布。织布时经线一头拴在两根立好的树桩上，另一头系在妇女腰间。双手操作木梭带纬线来回穿梭，每织一行都要用木板压紧。一般多织白布，织带有花色的布时，中间还要加上各种彩线，织成各种图案花纹。其挑花技术精巧，纹样很多，常见的有太阳花、月亮花、鸡爪花、人字花、穗子花、葫芦花、四瓣花等。不同村寨的服饰纹样各不相同，基诺族人根据图案一眼就可分辨出着装者的村寨。服饰上的条纹图案也有特殊含义，他们传统意识认为男性有9个灵魂，女性有7个灵魂，因此服装上的9条布纹代表男性祖先，7条布纹代表女性祖先。基诺族以朴实的"砍刀布"反映了基诺族服饰素雅古朴的独特风格，如图3-11。

图 3-11 基诺族女子服装

第二节 少数民族女装面辅料
在现代服装设计中的应用

一、国内外服装设计师对少数民族女装面辅料的应用

（一）利用乌孜别克族服装材质特点进行服装设计

设计师们以不同色彩图案面料的相互混搭结合，有紧有疏，创造出时尚新鲜的气息，犹如盛开的鲜花，让人享受视觉大餐，如图 3-12。设计师们以漂亮的彩纹绸与不同质感面料结合，设计制作出多褶且有形的外轮廓。让我们似乎读出彩色丝绸与整体服装的重要关系，如图 3-13。

图 3-12　Luella 09 春夏秀场　　　　　图 3-13　2009 AW RTW 秋冬女装成衣

　　设计师从上述混搭风格设计中得到启示，利用乌孜别克族同胞运用现代科技、传承各种文化，交融于自身的服饰元素，创造出既传承传统又具现代感的服饰服装材料。在"艾特莱丝绸"的设计经验中，用材料再造的手段方式，将乌孜别克族服饰材质中的相关元素以打破、重构进行服装的创新设计。

　　设计师可以以乌孜别克族丝绸色彩的艳丽，图案纹饰的细致精美，民族特色的别具一格，并融入一定的时尚材料进行混搭设计的应用，在现代服装设计中也会呈现出另一番意味。

（二）苗族百鸟衣材质元素在设计中的应用

　　提起苗族，有一个不得不说起的衣服就是百鸟衣，其历史悠久。关于它的传说也很多，它来源于苗族人对鸟的崇拜。苗族祖先在迁徙过程中以及定居下来后，会到山中猎取各种鸟，感谢鸟给他们带来食物，对鸟的崇拜由此而生。不仅把鸟变成图案绣在衣服上，还会把各种羽毛装饰在衣服的下摆。

图 3-14 苗族百鸟衣

从 2008 年的春夏时装秀开始，世界上又重新刮起了羽毛风，各大品牌都推出了自己的羽毛服装及饰品。著名的设计师 Alexander McQueen 在他的服装秀上采用羽毛做了大量的配饰。

图 3-15 Alexander McQueen 设计作品

设计师罗伯特·卡瓦利（Roberto Cavalli）的 2006—2007 秋冬系列作品中充满了东方色彩和中国风情，隐约而含蓄，但却尽显性感，柔滑的丝制连衣裙采用旗袍式的腿部高开衩，以及中国龙刺绣和身后拖着饰满羽毛的裙摆，倍显优雅高贵。

羽毛又开始以轻盈而亲近的姿态点缀着我们的生活，各种用羽毛做得服装配饰以及首饰风靡全球，受到很多人的喜爱。

（三）结合旗袍面料的特点进行面料创新

随着科技的发展和人们物质生活水平的不断提高，旗袍的选料也越来越广泛。日常一般穿用的旗袍，夏季可选择纯棉印花细布、印花府绸、色织府绸、什色府绸、各种麻纱、印花横贡缎、提花布等薄型织品；自制的短旗袍，轻盈、凉爽、美观、实用。春秋季可选择化纤或混纺织品，如各种闪光绸、涤丝绸及各种薄型花呢等织物。这些织品虽然吸湿性、透气性差，但其外观比棉织品挺括平滑、绚丽悦目，在不冷不热的季节中穿用很适宜。礼宾或演出穿用旗袍是十分考究的。夏季穿用，旗袍面料应选择真丝双绉、绢纺、电力纺、杭罗等真丝织品，该类品质地柔软、轻盈不粘身、舒适透凉。春秋季穿用，旗袍面料应选各种缎和丝绒类：如织锦缎、古香缎、金玉缎、绉缎、乔其立绒、金丝绒等，这些高级面料制作的旗袍能充分表现东方女性体型美、点线突出，丰韵而柔媚，华贵而高雅，如果在胸、领、襟稍加点缀装饰，更为光彩夺目。可见丝绸面料是旗袍的最佳选料，要使其在日常装中经久不衰，就需与新型化纤材料进行混纺，以改善其服用性能，使得在服装设计中有更广的应用领域。面料上的花纹及其各种美好的寓意都是西方服装所不可比拟的。

近代上海的开埠，"中体西用""西学东渐"，促使旗袍西化。海派旗袍最大的特点在于对传统样式与西式服装的兼收并蓄。当时不仅把西式外套、大衣、绒绒衫穿在旗袍外，更采用洋装中的翻领、"V"形领、荷叶领，袖型则有荷叶袖、开衩袖等。到后来还出现了改良旗袍，结构更趋西化，一反传统地有了胸省、腰省和装袖、肩缝，甚至加入垫肩以追求完美的身材。旧式的大襟和烦琐的装饰则逐渐消失了。旗袍面料棉布、呢类、纱罗应有尽有。某一段时间旗袍流行"透、露、瘦"，于是就采用镂空织物和半透明的化纤或丝绸；其次，旗袍廓形修长紧身，尤其适应南方妇女消瘦苗条的身材特征。20世纪二三十年代的海派旗袍，是一种既稳定又变幻无常的时装。摆线高低来回更迭，稍不留神便会落伍，这种时髦确实是需要"追赶"才能及的。

（四）国内外服装设计师对棉麻面料的应用

1. 国际时装设计师采用棉麻面料在现代时装设计中的应用

中国少数民族服饰在面料上都采用了不同的材质，服装面料或薄或厚，或棉麻或皮草，而在饰品上更是琳琅满目。在时尚更新换代如此迅速的今天，设计师们在面料上更是大做文章。Alexander McQueen 在前几年春夏"柏拉图的沉没岛屿"的新系列上主攻面料，运用数码印制技术逼真重现了各种两栖爬虫与海洋生物以及水母般透明的肌理。Balenciaga 将视觉停留在街头感，运动元素与解构主义上，一件看似普通的无袖连帽衫，实则包含有模塑皮革、针织棉、尼龙泡绵等诸多材料。Chanel 则用了百代丽、藤条编织、荷兰式木屐等乡村元素，强调了朴素与原生态的大自然触觉，这主要得益于面料的粗糙手感，这次 Chanel 的面料是呢子面料和一些白色蕾丝。

图 3-16　Mumiu09 春夏女装　　　　　　　图 3-17　Comme des Garcon09 秋冬

　　而近几季运用棉麻面料的还数 Miumiu09 春夏女装，如图 3-16，她以棉麻混合材质表达了一种纯朴自然的风格，用印花、压褶的方式和款式相结合衬托出少女的清新柔美和一些异域气息。随着乡村田园风格又回归到时尚圈，对棉麻质地的面料的青睐加大，例如 Kenzo 在 2010 春夏女装就运用到类似棉麻混合材质的面料，并且以夸张的印花设计。以造型风格怪异独特著称的 Comme des Garcons 川久保玲来说，在她 2009 年秋冬系列上，如图 3-17，也大量运用了棉麻混合的材质，棉麻材质不同程度的混合，形成了不同质感的面料，这些面料有层次的混搭，形成了 Comme des Garcons 品牌的特有风格。

2. 国内时装设计师采用棉麻面料在现代时装设计中的应用

　　国内设计师马可以及她的品牌例外，本着一种回归自然的，原生态的理念，打造了一场又一场的视觉盛宴，与自然的零距离接触。因为这样她用的面料也都是偏向于原生态的面料，像棉麻之类。马可说，她欣赏比较自信、独立的女性。她所设计的东西，便是基于内心这个出发点，力图表现有力度的女性美。只要看过"例外"的人便会感受得到马可的态度——刚柔并济的大气。她主张在线条和色彩上表现女性的力度，线条简洁、大方、流畅。她执着于这样的设计理念，2007 年她的另一个品牌"无用"应邀参加巴黎 2007 年春夏高级时装发布会，马可又荣幸地获得邀请在 V&A 博物馆举办的 Fashion in Motion 中进行展示，在 2008 年的 Fashion in Motion 中展示"无用"2007 年的作品——无用之土地，如图 3-18，以博物馆的拉斐尔画廊为背景，再次演绎无用 2007 年在巴黎的发布。在 2008 年的 7 月无用的另一个系列"无用亦无痛"也在巴黎发布，如图 3-19。

图 3-18 "无用"系列作品　　　　　　　　　图 3-19 无用亦无痛作品展

　　在 2010 年例外春季"心存善"系列女装，如图 3-20，主题是地球，我们的家——用孩子的眼睛看世界。呼吁给孩子一个和谐社会、绿色世界，自己也要善待生命，善待地球，这样也是善待自己。以"心存善"的心态去设计，所以面料更是用了与身体无距离的，更柔和的棉麻质地的面料。

图 3-20 "心存善"系列女装

（五）国内外设计师对面料褶皱面料的应用

　　日本的著名服装设计师三宅一生的褶皱服饰（PleatsPlease）相信也从彝族服饰"百褶裙"中摄取过灵感。彝族百褶裙外形呈喇叭状，裙长及地，如图 3-21，有成人裙和童裙之分，成人裙一般用上下五节布料做成，上节腰部和第二节臀部均成筒状，一般用便宜的蓝色棉布制作，下面三节都有褶皱，最下节褶裥密集。为了增加裙子的悬垂性能，底节一般有内外双层组成，内层一般长于外层，露出一圈异色的装饰线条，下面倒数第一或第二节横向有其他颜色的装饰条，约两到三条。百褶裙所呈现出的许多直线褶痕，与横向的异色装饰条，在视觉审美上，纵横相对，整体与局部变化相统一。百褶裙在妇女行走时百褶四散、褶皱闪动、轻盈飘逸，极富节奏感，美观大方。

图 3-21　彝族百褶裙

图 3-22　"一生褶"

　　基于彝族百褶裙这样的形式结构，结合三宅一生本人的设计理念——人们需要的是随时都可以穿的、便于旅行的、好保管的、轻松舒适的服装，而不是整天要保养、常送干洗店的服装。他的褶皱面料可以随意一卷，捆绑成一团，不用干洗熨烫，要穿的时候打开，依然是平整如故——便酝酿出三宅一生的"一生褶"（Pleats Please）系列服饰，如图 3-22。在 1993 年 3 月到 1997 年 3 月之间，光是"我要褶皱"的品牌线，就售出了 68 万件外套，每年约有 21 万件其他系列的衣服在全世界售出，可见其设计的成功，得到了世界的认可，并且在服装面料上也是一次革命性事件。三宅一生凭着他那奇特的皱褶面料，在才子如云的巴黎时装界站稳了脚跟。

　　2009 年 3 月底在北京隆重举行的"汉帛奖"第 17 届中国国际青年设计师时装作品大赛上，陈嘉慰以灵感来自于自己早前看过的一组"彝族招待会"图像，创作的主题为《点—线—面》的 5 套系列作品，如图 3-23，在来自中国、日本、芬兰、德国、法国、意大利、俄罗斯、克罗地亚、蒙古等 21 个国家的 1738 份参赛作品中脱颖而出，荣获"汉帛奖"金奖。《点-线-面》主题系列作品，均是以时尚的米白色主调，并吸取彝族服饰元素精华，以庄重的"面"，欢腾的"线"，闪烁的"点"，相互交错，时而紧凑，时而舒缓直接扣准大赛的主题——"国庆招待会"，作品寓意张灯结彩，普天同庆。在材质上运用轻薄与厚重混搭的面料，强调流畅感，时尚却不失民族文化内涵，将主题系列服装设计的形态、材质、色彩置于民族文化、时尚创新与主题赛事之中，因而取得了完美的设计成果。

图 3-23　陈嘉慰在颁奖台上

二、学生作品展示

（一）苗族百鸟衣中羽毛元素的设计应用

学生毕业作品选用了我国苗族百鸟衣中羽毛元素为灵感来源，在此基础上发展了一系列的相关礼服。主题为突出现代年轻人的活力与张力，在典雅中不失可爱，在现代中又能保持着民族的韵味，如图 3-24、图 3-25。

图 3-24　学生毕业设计作品 1

图 3-25　学生毕业设计作品 2

（二）采用基诺族面料设计的毕业作品

　　学生毕业作品名为《原色系》，作者采用类似"砍刀布"的棉麻面料，结合面料的质感和基诺族服饰的颜色特点设计了这一套服装，选用咖色系三种颜色的棉麻质感面料，进行面料再造，有次序的排列，制造出有粗糙毛边的立体空间，如图 3-26。主要表达一种朴素、优雅，但又亲近大自然和原生态的感觉。追根溯源，对自然的崇拜是植根于人类生存的大自然环境和大自然神秘莫测，千变万化的自然现象。在今天看来，人类貌似通过技术、科学改变了自然，但却依旧生活在自然的各种规律之中。这套服装运用了天然的棉麻织面料，还有比较原生态的裸色，算是一种对自然的原始崇拜，回归大自然的亲切，或者是原生态的美好。

　　这套服装还结合当时流行的时尚点——夸张肩部的造型，在衣服的肩部进行了一些设计，如图

图 3-26　服装细节

3-27。立体解构一直是这几年设计师们把玩的新名词儿，在 2009 秋冬发布会上，铺天盖地的肩头造型设计像雨后春笋般抢占了整个时尚 T 台。是 Balmain 的翘肩装引导了这股潮流，还是 20 世纪 80 年代元素的大肆复兴，总之，这一季女人们纷纷为肩上风情着迷。宽大的加厚垫肩肩头、珍珠刺绣贴片、华丽领章和外廓肩线、夸张的超大花苞肩，无不充斥着这个硬女郎为主导的世界，这种翘肩的造型也可说是对 20 世纪 80 年代元素的复兴。在《原色系》系列服装中与棉麻面料的质感结合，使整体上略带一些未来感。肩部的立体造型加大女性肩部视觉比例，缩小臀部轮廓，从真正意义上颠覆女性传统曲线轮廓概念。中性化的强势，给女人带来新的自信，让所有肩头都尖尖地挺翘起来，或者说是建筑学美感运用在服装造型上，高而尖的立体造型为扁平的身材营造丰富曲线感，如图 3-28。

此外，这一系列服装中运用了传统的棉麻质地面料，还结合了基诺族传统图案月亮花的图案，把月亮花与椭圆图形结合，以线性的形式出现在服装的局部，增加细节感。

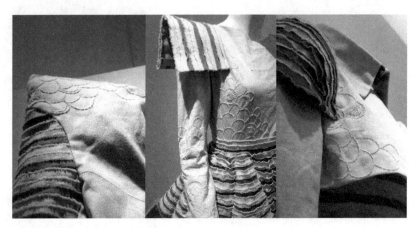

图 3-27 肩部造型设计

图 3-28 《原色系》系列服装

第四章

少数民族女装配饰设计

第一节 少数民族女装配饰设计的特点分析

一、头饰设计

（一）银饰

苗族丰富的银饰在苗族服饰中占有十分突出的位置，特别是女盛装，银饰成为必不可少的配件。苗族银饰不论是从品种数量、造型风格，还是从制作工艺上讲，在中国民族服饰中都是十分突出的。

图 4-1 苗族精美银饰

苗族人民普遍喜戴银制品，银饰不仅是苗族的一种服饰用品，在苗族人眼里，银饰也是辟邪的神物，还因为它是贵重的东西，可以联想起富有，因而它是苗族人的财富象征，因此，银饰在苗族的历史和现实生活中一直扮演着重要的角色，如图 4-1。女子戴上这些银饰，在他们自己和别人看来都是很美的；更可得到吉祥幸福。苗家少女全身上下的配饰清一色都是银饰，走起路来叮当着响。一套衣服最重可达 8~10 公斤。苗族的银饰品样式之多堪称一绝，可以分为头部银饰、颈部银饰、胸部银饰、手部银饰、银衣等。不仅有平常的银耳环、银项圈和银项链，也有供节庆祭祀用的银牌、银披肩、银羽、银泡和日常生活可用的银筷、银牙签和银耳掏等。

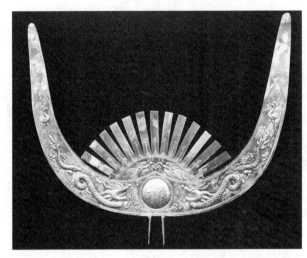

图 4-2　银角

苗族女子戴银角，是苗族图腾文化与农耕文化相结合的产物。在苗语中银角被称为"干你"，银角将扁平状银片加工成水牛角形状，两角弯成半圆形，下大上小，角高约 80 厘米，两角距离 80 厘米，角尖一般用白色鸡羽装饰。两银角对接中央有一圆形浮雕太阳纹或团花，团花两边的角面有对称的两条浮雕龙纹、鱼纹和花草。银角正中围绕太阳图案上边有以银片插成扇形的放射状，象征初升的太阳光芒照射。苗族姑娘的银冠有排马、银花草、银凤雀、银葵、银蝶、银响铃等，满头银饰繁花似锦、富丽致极，银冠高高戴在头上，十分漂亮，如图 4-2。

逢年过节，苗家女子都要穿花戴银，精心装扮一番，构成了苗族身体配饰的一大特色。其造型之奇特，样式之繁多、工艺之精致，在中国各民族中是首屈一指的，而成为中国的一大奇观。

通常情况下，银饰主要是用来装饰未婚女性的。许多银饰是未婚女性的专用饰物，已婚妇女即使拥有也不能使用，同时已婚者也有自己的专用银饰，未婚者不得佩戴。黄平苗族少女平时戴漂亮的圆形挑花帽，如图 4-3，盛装时戴银帽，如图 4-4，它们均是少女未婚的标志。已婚的妇女则紫色头帕包头，如图 4-5。黄平地区苗族少女的银凤冠，由数百朵精致的小花扎于半球状的铁箍上，形成半球形冠，冠顶中央插有一银凤鸟，凤鸟两侧插上 2~4 只形状不同的小鸟，凤冠正面挂着三块长短不一的银牌，银牌上的花纹是"双凤朝阳"置于"二龙戏珠"之上，以凤鸟为银冠的形制主体，表达了其对子孙繁荣的一种期望；以牛角为银冠形状或在银冠上刻上蝴蝶纹样也是苗族银冠的常见表现形式，这和苗族对蝴蝶等祖先图腾的崇拜有着密不可分的关系。在银冠下沿，挂银花带，下垂一排小银坠，脖子上戴的银项圈有好几层，多以银片打制花和小银环连套而成。前胸戴银锁和银压领，胸前、背后戴的是银披风，下垂许多小银铃。耳环、手镯都是银制品。只有两只衣袖才呈现出以火红色为主基调的刺绣，但袖口还镶嵌着一圈较宽的银饰。黄平苗家姑娘盛装的服饰通常

图4-3 苗族平常装

图4-5 已婚妇女节日装

图4-4 苗族盛装

有数公斤重，有的是几代人积累继承下来的。工艺华丽考究、巧夺天工，充分显示了黄平苗族人民的智慧和才能。

　　黄平苗族崇巫信鬼，由"万物有灵"观念产生一系列的崇拜信仰与行为，在银饰上也有反映，它所造成的特殊审美意识直接影响到苗族银饰的造型，于是有了鼓钉银镯、鼓钉银梳这类银饰。她们相信一切锐利之物都可以避邪，锐角鼓钉象征的是闪电和光明。又如银角头饰，有的就是龙角的变形。龙在黄平苗族民俗中主要是以保护神的吉祥形象出现，几乎人人都相信有一条龙在保护着自己的村寨。在她们眼里，银饰不仅是辟邪的神物更可能得到吉祥和幸福。

　　除了在工艺上是行家里手，在造型设计上苗族银匠也堪称高手。究其原因，一方面是苗族银匠善于从妇女的刺绣及蜡染纹样中汲取创作灵感；另一方面，作为支系成员，也为了在同行中获得竞争优势，苗族银匠根据本系的传统习惯、审美情趣，对细节或局部的刻画注重推陈出新，工艺上的精益求精，使苗族银饰日臻完美。当然，这一切都必须以不触动银饰的整体造型为前提。

苗族银饰锻制技艺是苗族民间独有的技艺，所有饰件都通过手工制作而成。银饰的式样和构造经过了匠师的精心设计，由绘图到雕刻和制作有30道工序，包含铸炼、捶打、拉丝（如图4-6）、搓丝、掐丝、镶嵌、焊接（如图4-7）、编结、洗涤等环节，工艺水平极高，如图4-8。苗族银饰具有丰富多彩的文化内涵，从品种、图案设计、花纹构建到制作组装都有很高的文化品位。正因如此，苗族银饰锻制技艺在2006年的时候被列入了中国非物质文化遗产。苗族银饰种类繁多，琳琅满目，包括头饰、胸颈饰、衣饰、手饰等。

图4-6 拉丝　　　　　　　　　　　　　　　图4-7 焊接

图4-8 银匠们正在制作银饰

图 4-9　银帽　　　　　　　图 4-10　银飘头排与银童帽　　　　　　图 4-11　银顶花

　　银饰也是侗族妇女最讲究的装饰品。以平秋妇女的银饰为例，她们擅留长发，脑后别上银簪、银梳，头戴银盘花、银头冠，耳吊金银环；领口两组银扣对应排列，外加斜襟扣两组；颈戴五只大小不同项圈；胸佩五根银链和一把银锁用以镇魔压邪；手腕戴上银花镯、四方镯等。银饰品中有雕龙画凤、鸟虫花草等图案，均为当地匠人所制造。此装古朴繁杂，银光闪闪，叮当作响。妇女颈、胸部的银饰是最繁多的部位。颈饰品中最大的是银项圈，最大的银项圈可以从颈部挂到腰部，大小相套。银锁链佩戴于胸前，它是一银链下吊一锁状银牌，上刻有各式花纹图案，银牌下再缀以铃铛、银片、花鸟蝴蝶等银饰品。身着对襟衣裙装的女子还多悬一"银铊"在后背。此外，手上套银镯、戒指，臂上套银块。这些银饰，从头到脚，琳琅满目，简直就是一件雍容华贵、光彩照人的银衣，如图 4-9 至图 4-11。

（二）帽子

　　哈尼族女性喜好蓄发编辫，少女多垂辫，婚后则连同帽套盘结于头上，以黑或蓝布缠头或制作各式帽子，上镶小银泡、料珠，或者坠上许多丝线编织的流苏。当少女进入青春期时，对额前的刘海和鬓发有特别的修饰，要剪的整齐、梳的平滑。哈尼族妇女无论大小都必须戴帽，其帽子可以分为三类：帽子、头帕和包头。

　　帽子主要是针对婚前的少女或未生育的年轻妇女使用，可分为布帽和银泡帽（俗称鸡冠帽）。居住在西双版纳的傣族姑娘、普洱一带的碧约姑娘、红河的奕车姑娘和墨江部分少女等，这些地区的布帽各有特色。西双版纳的姑娘用自织的青布作面料，其形状如瓜皮帽，帽檐处装饰一些圆形的饰物，主要用彩色丝线、花边、银布、银泡、彩色料珠、绒球等，有规律地一圈圈地往上装饰，帽顶和两耳上方配以彩色毛线、丝线等制成的缨子和彩珠，显得艳丽华贵，如图 4-12。碧约姑娘的帽子，是用青布做成的六角帽，用大银泡钉成多块三角，形成上下交错的形状，额头前方钉上一个大银币，显得朴素大方。奕车姑娘戴的白布帽，是一块漂白布，对折后将一头缝合，形成坚定的长形帽，末端用彩色丝线锁边，显得洁白飘逸。墨江的姑娘头戴青布小帽，婚后取帽。红河哈尼姑娘有时也佩戴鸡冠帽，其样式接近彝族鸡冠帽；有的妇女则戴一种额头正中缀满银泡、有弧线的三角形帽，似鸡冠帽而略有变化，十分别致，不落俗套。

图4-12　西双版纳女子头饰

头帕主要是针对已婚妇女或已生育的妇女佩戴的。头帕的形状和戴的方法形式多样，有的稍加装饰，大部分是把头帕两角对折后，将三角形底边正对额头，将两边向后脑方折拢起来，互相扣稳。

包头是用自制的黑色土布做成，一种是8～9厘米宽、3米左右长的布条带；另一种是把布对折起来，一头用金线镶上方格，另一头是用红色丝线或红色毛线制成缨子作花边。佩戴时将发辫盘于头顶之后，把包头整齐地缠绕在头上，如图4-13。

头饰文化也是彝族服饰中引人注目的亮点之一，所体现出来的独特审美文化极具个性标识意义。女子最具代表性的头饰是将青布毛料进行多层包折，形成厚厚的长方形瓦状盖

图4-13　彝族女子帽饰

于头顶，再将掺杂着青线于内的粗壮发辫盘系后压住布料。不同方言区妇女头饰在形状上呈现差异，但其帽型都趋于略有夸张的伞状或瓦当状。

　　冠可以说是蒙古族一种具有浓厚民族色彩的、艳丽的首饰。它主要能显示出妇女的身份和社会地位。这种高冠，一般采用桦树皮围合缝制，形成长筒形，冠高约一尺，顶部为四边形，上面包裹着五颜六色的绸缎，且镶嵌着宝石、孔雀羽毛、野鸡尾毛等装饰物。它的设计样式繁多、各具特色，反映了蒙古民族精湛的工艺水平，如图4-14、图4-15。

图4-14　蒙古族头饰

图4-15　蒙古族头饰

　　乌孜别克族同胞，不论男女都爱戴各式各样的小花帽，如图4-16。花帽有十几种样式，它们的主要特点是硬壳、无沿、圆形或四棱形，带棱角的还可以折叠。花帽布料采用墨绿、黑色、白色、枣红色的金丝绒和灯芯绒，帽子顶端和四边绣有各种别具匠心的几何纹样和花卉图案，做工精美，色彩鲜艳，是乌孜别克族传统的手工艺品。

图4-16　乌孜别克族花帽

著名的花帽种类有：① "托斯花帽"（Tust doppa），也就是 "巴达木花帽"，是用近似于圆形的帽顶和长条帽缘两块材料制成，绣有白色巴旦木图案，白花黑底，风格古朴、大方；② "塔什干花帽"（Tashkent doppa），源出中亚塔什干，以 "纳纱" 的针法刺绣，白色底彩色花卉纹样，色彩艳丽，对比强烈，戴在头上显得很有生气；③"胡那拜小帽"（Hunaba doppa），图案精美，久负盛名。乌孜别克族对戴花帽十分讲究，戴法和维吾尔族不一样。乌孜别克族花帽中红色和黄色花帽很少，男性无论青年人或老年人都爱戴巴达木花帽。妇女喜欢戴色彩艳丽的 "塔什干花帽" 和 "胡那拜小帽"。妇女戴花帽时常在花帽外再罩上薄如蝉翼的花色纱巾，更显花帽通过材质、造型、文饰与工艺等共同构筑的艺术风采。

（三）珠饰

藏族斑斓多彩的头饰当中最具特色的是 "巴珠" 和珍珠冠，如图 4-17，以及发式 "银盾" 和发套。"巴珠" 头饰流行于西藏拉萨、江孜一带，它用布扎成架子，架上串缀珊瑚、珍珠、绿松石等饰物。"巴珠" 头饰雍容华贵，通常一个 "巴珠" 上面缀有上万大小不等的天然珍珠和大红珊瑚以及绿松石等，它往往同宝石耳环等一起佩戴，是藏族妇女最珍贵的头饰之一。"巴珠" 头饰是姑娘成年的标志，女子只要第一次戴 "巴珠" 头饰后，表示已经成年，可以谈婚论嫁了。珍珠冠是过去西藏贵妇人在过盛大节日或出席重要庆典仪式时，佩戴的一种珍贵的头饰。它通常高 20 厘米，直径 23 厘米左右，用硬布做里，整个表面由无数颗大小不同，形状各异的天然珍珠串联而成，顶部突出并镶有金珠和绿松石。珍珠冠璀璨华贵，价值连城，属稀世珍品。

图 4-17 藏族头饰

　　银盾是青藏高原草原牧区已婚妇女头发的饰品，用白银压制而成，形如倒扣着的圆碗，周围有压花，顶端为一圈压制突出的圆花，规格大小不一，大者直径约 4 ～ 5 厘米。西藏地区的藏族妇女将长发分成三股，变成三条大辫子，每根辫子的末梢挂一个银盾，每个银盾都有自己的象征意义，左为父，中为夫，右为母，如哪根辫子上的银盾没有了，说明对应的亲人已经故去。青海、甘肃、四川地区妇女的银盾都镶饰在用红布制成的发套上，所饰的银盾数量不等，大小不一，多为 30 个，大者如汤碗，如图 4–18。

图 4–18　藏族"银盾"

　　发套，也叫辫筒，用美丽的绒布精心缝制而成，上面刺绣有美丽的花纹图案，并钉缀有各种饰物。既是华丽的装饰袋，又是绝妙的护发工具。妇女们将它成对地佩戴在身后，有的地区戴在身前，姑娘出嫁，要举行戴头饰仪式，人们要郑重的将发套佩戴在新娘的发辫上，故发套又是已婚妇女的标志。

二、项饰设计

　　藏族男女十分注重佩戴项饰，其项链多由一颗颗大小相同、形状各异、不同色彩的珊瑚、琥珀、蜜蜡、松石、香料串联而成，也有用红、蓝、绿、紫玛瑙和淡黄色象牙制成。有的妇女佩戴两三串，多则十几串用 20 ～ 40 多颗珠子串成的项链，也有用各色彩珠、海贝类化石、绿松石等长短不一的项饰品。在这些项饰、项链中间大多还悬挂着一个制作精美、大小不一的金属盒，这种金属盒藏语称为"嘎乌"。"嘎乌"大多用金、银、铜、铁等制作而成，用料广泛，应有尽有，有的还镶嵌有珍珠、翡翠、玛瑙、松石、珊瑚等名贵宝石。从造型上看，则有四方、八角、椭圆、鸡心形、佛盒形，多种多样，千姿百态，有的还镂刻动物、花卉、宝塔、龙凤、佛像、八宝等吉祥花纹图案。嘎乌的规格大小不等，厚薄各异，大的高达20多厘米，小的仅4厘米。嘎乌内的填装物也有所不同，大致可分为内装佛像和佛咒两大类，有的也装活佛、喇嘛的神物以及护身符等。嘎乌原是藏传佛教的一种宗教用品，是由佛盒演变而来，现已成为藏族男女必不可少的重要饰品。

　　侗族姑娘佩戴银饰以多为美，以重为贵。银饰也是侗家男女青年互相馈赠的重要礼品。生第一个小孩时，外婆送项圈、银锁、手圈等，上嵌"长命富贵，异养成人"等字样。满周岁时，送银帽一顶，表示对外孙的宠爱。主要首饰有玉簪、铜簪、银簪、银手圈、玉手圈、银耳环、玉耳环、银牌、银泡、银带等。出嫁之时或节日庆典，全套银饰佩戴上，有的重达5～10公斤，银光闪闪，美不胜收，如图4-19。

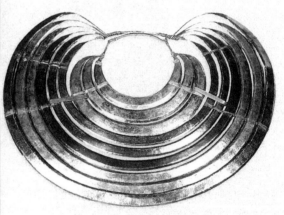

图4-19　侗族银项圈

三、腰饰设计

　　藏族的腰饰品独具特色，美观实用，缀挂火镰、小刀、鼻烟壶、银圆、奶桶钩、针线盒等装饰品。藏族的腰饰大部分来自生产劳动工具，这是由游牧文化的特性所决定。如：洛龙，最早是为了凭借挂在腰上的奶桶钩来减缓手臂提桶的负荷，谐调力量，后来渐渐成为装饰品。针线盒最早是为了装针线。火镰最早是引火用具。还有小腰刀是食肉用具等，都是从实用性到审美性的转变，如图4-20。

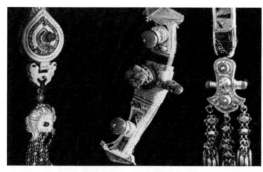
图 4-20 藏族腰饰品

图 4-21 藏族腰刀

　　腰刀既是藏族的日常生活用品，又是别致的腰间装饰品，如图 4-21。腰刀是最具代表性的饰物之一。腰刀用途广泛，可用以狩猎、披荆斩棘、宰杀牲畜等。刀鞘多用金银、铜铁、鲨鱼皮等制成，并饰龙、凤、狮虎、花草、鱼虫以及法轮、法螺、宝伞、宝盒、宝瓶、莲花、金鱼等藏传佛教吉祥图案花纹，还镶嵌有宝石、玛瑙、松石、珊瑚等，刀把用紫铜、黄铜、白银等金属叠镶，色彩艳丽，也有用骨、牛角、木制包镶着。刀刃用料考究，异常锋利，规格不一，最长有 1 米左右，短者只有几厘米。男女样式有别，女腰刀小巧玲珑，男腰刀较长，各具特色。

　　腰带是蒙古族服饰组成中不可缺少的重要部分。长 3～4 米，因人而异。色彩多与袍子颜色相协调。由于特殊的地域关系和独有的民族文化，使它既起到了防风抗寒，又有点缀装饰的作用，如图 4-22。与我们平日所认知佩带的西裤、仔裤皮带不同，蒙古腰带在设计制作上一般把袍子向上提，束得很短，骑乘方便，又显得精神潇洒，腰带上还要挂"三不离身"的蒙古刀、火镰、烟荷包。女子则相反，扎腰带时要将袍子向下拉展，以显示出健美的身段。鄂尔多斯等地区扎腰带还有一定的讲究和规矩，未婚女子扎腰带，在身后留出穗头，一旦出嫁，便成为"布斯贵浑"（蒙古语，意为"不扎腰带的人"），以紧身短坎肩代替腰带，使未婚姑娘和已婚妇女区别开来。

图 4-22 蒙古族腰带

图 4-23 傣族银腰饰

　　傣族妇女的服饰有个引人注目的地方，就是她们的腰际都系一根精致的银腰带，据说这根银腰带十分珍贵，是由母亲一代代传下来，如图4-23。实际上这是一种信物，如果姑娘将银腰带交给哪个小伙子，就意味着她已爱上他了。青年男女以竹子腰带为定情礼物。由于傣族居住的村寨盛产竹子，他们除了用竹子建成的幽静而雅致的干栏式住宅和制作各种生活用具外，还用细篾编成彩绘的竹笠、腰箩作为佩饰。

四、手饰设计

　　藏家妇女都有戴手镯的习惯，她们所戴的金属手镯镂刻有各种花纹图案、藏文或梵文的明咒，有的嵌有珊瑚珠、松耳石等名贵珠宝，如图4-24。而玉石、玛瑙、象牙手镯则讲究朴实与美感的和谐。戴手镯不仅是一种妆饰，在妇女们从事挤奶、捏酥油团等劳作时，将手镯往手腕上部一抹，可防止奶水流入袖筒内。

图4-24 藏族的手饰

五、鞋子设计

　　藏族男女穿长筒靴，底高2厘米，腰高至小腿之上，鞋面用红绿相间的毛呢装饰，鞋腰上也有线条、花纹。藏鞋大致分为三种，"松巴鞋"、"嘎洛鞋"和"多扎鞋"。一般采用氆氇、毛尼、围裙料子。平绒或皮革作为主要原料，色彩搭配十分讲究，有的还以丝线绣上各种花纹图案，有的则用金丝缎镶边、贴花，如图4-25。鞋尖更是有方有圆，有尖有钩，形式不一，很有特色。各式藏

图4-25 藏鞋

鞋的腰后部都留有 10 多厘米长的开口，便于穿脱，所有藏鞋都要系带。鞋带同时又是一种美丽而讲究的手工艺品，使用细毛绒编织而成，带上有各种图案。两端留有彩穗，色彩艳丽，与藏鞋配在一起，十分悦目。

　　满族鞋的造型呈现出多样性的特点，特别是满族女式旗鞋样式丰富，满族的妇女按照旧俗喜欢穿木制高底鞋，如图 4-26，鞋底中部是木制，前平后圆、上细下宽，其外形及落地印痕皆似马蹄，因此得名。它的底高达 3 ～ 4 寸，甚至有的高 7 ～ 8 寸。它的木底四周包裹白布。老年妇女的旗鞋，多以平木为底，称"平底鞋"，其前端着地处稍削，以便行走。还有一种鞋的底面呈花盆形状，称为"花盆底鞋"，满族宫廷女鞋这也是一种高底鞋，但鞋底较大，长度基本与鞋面相等，造型与"花盆底""马蹄底"不同，木底外包裹白布，底面再加一层牛皮，满族贵族妇女大多穿用，反映了"旗人"悠闲的生活。满族旗鞋中三寸金莲家喻户晓，如图 4-27，它的特点尤为突出小巧而精致，反映当时宫廷生活的奢华。

图 4-26　高底"旗鞋"

图 4-27　三寸金莲

　　满族女士鞋"花盆底鞋"鞋面用黑绒布和蓝缎制作，上绣云头纹。贵族妇女常在鞋面用彩绣花卉图案刺绣，在鞋面上饰以珠宝翠玉，或于鞋头加缀缨，富家多以缎做鞋面，贫家用普通布做鞋面料，多数鞋用彩绣花卉图案，没有绣花的鞋，被视为凶服，反映了当时森严的等级制度。清代宫廷女布鞋仍是以中国传统色红色为主色调，配以花纹，底有寸厚，贵气而精美。

　　蒙古靴子主要分为布靴、皮靴两种。布靴多用厚布或帆布制成，穿起来柔软轻便。皮靴早期通常用涩面的牛皮制作，样式古老，但结实耐用，防水抗寒。新式皮靴用光面牛皮制作，也就是我们现在所说的马靴。按式样分类，大体分靴尖上卷，半卷和平底不卷三种，分别适宜在沙漠，干旱草原和湿润草原上行走。蒙古靴做工精细，在靴帮上多绣制或剪贴着精美的花纹图案，如图 4-28。图案新颖艳丽，具有浓厚的民族特色。筒口宽大，呈马蹄形，靴底较厚，为多层底，状如船形。蒙古靴也是因日常生活劳动的实际情况而产生的，能更好地适应牧区的自然环境。

图 4-28　蒙古族女靴

图 4-29　乌孜别克族女皮靴

　　乌孜别克族高筒的绣花女皮靴"艾特克"绣花靴是用薄皮染成各种颜色后，剪成花草图案纹样，贴锈于靴筒与靴面上，显得花靴高贵而美丽。堪称乌孜别克族精湛的手工艺品，如图 4-29。

第二节 少数民族女装配饰设计
在现代服装中的应用

一、国内外服装设计师对少数民族女装配饰设计的应用

（一）银饰的应用

　　现代社会高速发展，人们的审美和创造力也在不断变化和发展。现代银饰不再是单纯银的代言，各种材质、元素和色彩都注入银饰设计之中，呈现出丰富、迷离的视觉效果。如在银与木头的结合创意中，将天然精制的木材和打磨光亮的银组合在一起，展现出民族部落风情。而在时装界大肆吹捧的民族情调，也不落俗套地应用在银饰设计中，与珐琅、绿松石等天然元素组合在一起的款式中，彰显出丰富的色彩，宛如满庭盛开的鲜花。除此之外，珍珠、贝母的结合，也让银饰流露出少有的温婉气息，如图 4-30、图 4-31、图 4-32。

图 4-30　银与钻石结合

图 4-31　银与玛瑙结合

图 4-32　银与贝母结合

　　款式上也随着人们要求的变化而变化，在 20 世纪中期现代银饰写实主义风潮达到了顶峰，大批写实风格鲜明的首饰作品相继问世。而随着现代文明越来越快发展，人们对于这种烦琐的设计产生厌倦，简约路线逐渐流行并延续至今。

　　现代的银饰大多已成为人们眼中的附属装饰品，因为价格的平易近人被人忽视，反而民族银饰地位更高。苗族银饰在苗族服饰中占有十分重要的地位，以其视觉冲击力强、种类繁多、构图精巧、造型万千、技艺精湛而著称。如今，在个性化大行其道的背景下，越具有民族特色的东西就越容易被国际流行时尚所吸纳，苗族银饰具有其独特的民族性以及丰富的文化价值和美学价值，为现代银饰设计提供丰富的灵感与借鉴，使现代银饰在国际流行时尚中提高了地位，给现代银饰注入新鲜的民族血液，因此现代银饰具有不可估量的潜在市场价值和广阔的发展前景，如图 4-33、图 4-34。

图 4-33 融入苗族实物化感觉的设计　　　　　图 4-34 融入苗族的圆形银片的设计

　　随着社会经济的发展，生活方式的改变，苗族的本土巫文化与现代文明持续深入的接触，并深受影响。苗族人有了知识文化，不再需要通过烦琐的银饰来记载本民族的历史。苗族银饰早已成为游客购物的首选。沉静半个世纪的银饰加工业也悄然兴起。而古老陈旧的苗族银饰式样也不由自主进行着改变。苗族人民接触到现代新文明，看到现代银饰的新造型，他们传统的审美等也发生着翻天覆地的变化。因此苗族银饰的风格也受到现代银饰风格潮流影响，逐渐向审美性、装饰性风格发展。那些完全写实的风格也逐渐融入了现代银饰简约的抽象形式，如图 4-35、图 4-36。

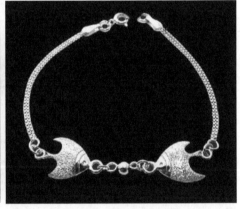

图 4-35 苗族现代简约风格的银饰　　　　　图 4-36 苗族现代银饰时尚化

　　2008 年，有两位中国服装设计师将苗族银饰作为设计元素应用在服装并在秀场上进行了展示。一位是曾获"金顶"奖的女装设计师梁子，另一位是远在法国的服装设计师许茗。

　　在北京举行的中国国际时装周"梁子·天意"2008 春夏时装发布会上，主题为"月亮唱歌"的时装秀，由黑白色调莨绸服装及与之相应的苗族银饰被设计师演绎得充满诗情画意（如图 4-37、图 4-38）。那些银饰，除了作为服装独特的点缀，有的甚至被模特拎在手中好似一个银手袋。

图4-37　"梁子·天意" 2008春夏时装发布会作品1

图4-38　"梁子·天意" 2008春夏时装发布会作品2

　　传统的苗族银饰，只是一种配饰，但在服装设计师眼中它是一种创新的元素。如果设计师设计的着眼点以及手法不同，结果也大不相同。如果说，梁子设计的时装像一杯清香的绿茶，那么作为创意装设计高手的许茗，则运用苗族银饰使她的创意时装带有浓郁的酒香。

　　名为"苗银"的创意时装秀在巴黎第三届中国电影节开幕式上演。这是一直从事中国主题服装创作的设计师许茗在汲取了苗族服饰中的元素——苗银、孔雀羽毛和黑色百褶短裙等元素后创作出来的成果展示，将这些元素以现代人的眼光和设计师自己的理解进行服装重塑。苗族服装色调很暗，与苗银首饰形成反差。为此，在礼服色彩上，许茗只选择了蓝黑、宝石蓝，不过，当苗族银饰的银片成为礼服、晚装的组成部分时，苗银色也成为服装的一种颜色，加上孔雀羽呈现的孔雀绿色装饰，整个系列的礼服呈现出特有的华贵感，如图4-39。

图4-39 许茗作品

许茗在法国学习、工作多年，认为配饰可以对服装整体起到画龙点睛的作用。而在这些配饰中，银饰同样可以显出高贵。许茗认为在人们的服饰中，银饰也是奢侈品的代表之一。由于苗银首饰上的图案都是手工敲制的，在国外手工订制的东西比机械制造的要贵很多。在法国，纯银首饰代表奢侈品的等级，有其自身的价值。苗银具有极强的观赏性，不单单可以做项圈、手镯，这样的首饰，也完全可以做成服装的一部分。因为苗银首饰不是单纯的银片，每块银片的纹样异常丰富。苗银帽子由非常多的银片组成，从造型到纹样都异常精致。在这些只有方寸之间的银片上，精美的纹样都是由手工敲制出来的。"苗银"主题系列服装的关键就是利用银片将服装面料再造夸大。许茗把银帽子拆解为各种银片，将这些银片大面积用在服装上作为装饰，使其更有现代感。为了使苗族银饰的装饰感更为突出，许茗选择了极为有限的蓝、黑作为服装色彩，款式简洁更强调塑形。这个由苗银挖掘出的创作服装系列，在巴黎的第三届中国电影节开幕式上得到很高的评价。如今，"苗银"服装系列不仅陈列在巴黎，在位于北京时尚设计广场中，在许茗的工作室里，"苗银"已成为一道风景。

而知名华裔服装设计师谭燕玉（Vivienne Tam）也曾经运用苗族银饰来进行创作。2005年在曼哈顿举行的春装新展，谭燕玉采用"苗族"服饰元素，将鲜度极高的色彩与中性色调相搭衬，配上大胆的亮银色，激起一股视觉震撼，如图4-40。谭燕玉在与苗族妇女交谈后，发现她们觉得该服饰太沉重，因此激起她思考："如何将节庆味浓重的苗族服饰转化为现代人每日的穿着"。谭燕玉将多彩的、华丽的传统服装和民俗图案，转变为性感、现代的日常穿着。她所创作的这一季春装秀，可以感觉到浓郁的苗银风情。苗族头上戴的银色精美雕饰，也成为谭燕玉在皮包设计上的重要一环，她巧妙地将旷野感十足的银饰作为皮包的提环，别具一番风格。

图4-40 谭燕玉（Vivienne Tam）作品

（二）挂饰的应用

在新舞剧《尘埃落定》中，设计师所做的舞台服装跟生活装是很接近的，连发型、头饰、腰饰都和藏族同胞节庆盛装几乎没有差别。这是源于剧情的需要，要表现吐蕃贵族奢华荒淫的生活。但是，用料上都选用了较轻薄的面料来代替，不至于限制舞蹈演员的活动，如图4-41。

图4-41 舞剧《尘埃落定》剧照

我们看到在《尘埃落定》的服装设计中，虽然大部分保留了藏族服饰的原汁原味，但是统筹整个舞台的色彩，在不一样的气氛场景里有不一样的表达。对于这样的设计，我们不得不说到大型原生态舞剧《藏谜》了。在一些场景里，统筹设计只将颜色作为设计亮点；而另一些场景里根据演员动作的需要，只提取部分元素进行再设计，不仅款式上、面料上让人耳目一新，极具时尚感，还能让人联想到属于藏族的民族元素，如头饰、腰饰等，用到了藏族文化的精华，如图 4-42。

图 4-42　舞剧《藏谜》剧照

（三）鞋元素的应用

在以满族鞋元素为灵感来源的设计中，既可以提取其图案，也可以提取其造型。在提取满族鞋图案时，一般是提取图案中可用的图案元素，在提取可用元素的基础上对图案进行创意处理。运用图形创意、材料替换、材料拼贴等设计手法来进行设计，如图 4-43。满族鞋图案毕竟是代表了古代满族人们的审美需求，复杂的图案更能表达她们的情感，现代社会人们趋向于简约美的流行风潮，设计师可以从民族纹样中提炼升华，创作出符合现代人审美需求的民族纹样并运用到时装设计中，这其实是一种古典与流行的融合。

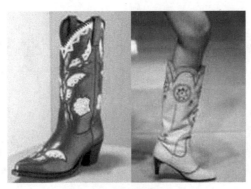

图 4-43　满族鞋图案的设计

　　以满族鞋造型为灵感来源的设计，主要是从模仿满族鞋的外部造型入手，通过适当的夸张比例和搭配手法来进行。从满族鞋外部造型特点中，设计出给我们带来一种冲击力极强效果的作品，这与后现代主义的风格相同，就是将不同感觉的元素混在一起，碰撞出新的艺术效果，如图4-44。

图4-44　满族鞋造型的设计

二、学生作品展示

（一）苗族银饰元素与现代服装设计的结合

1.苗族银颈饰、银背牌等的应用

　　在学生毕业设计创作中，选取苗族银饰中的元素与现代简约风格的服装设计相搭配，以苗族胸前银吊饰为灵感元素，用黑色的绳子编织出胸前吊挂的肚兜及流苏形式的装饰；以苗族银饰中银项圈、银扣以及背部圆形银背牌等圆形银饰元素为灵感，将银色纸质效果的不规则的扣子作为替代，装饰在用黑色绳子编织的编织物上，以这种形式表现苗族银饰效果，如图4-45

图4-45　服装前胸的设计

把编制感觉的饰物与现代的简约风格——纯黑色休闲式服装相搭配，将民族风格的饰物与现代生活的服装结合在一起。这种理念在传统文化和现代潮流中间架起一座桥梁，改变传统的"No Modern"的民族服饰，将时代感融入其中，使其时装化，潮流化。彰显着自我个性风格，满足了人们对于民族服装时尚化的需求，扩大了人们选择的空间，如图4-46。

图4-46　苗族银饰与服装衣身的结合

2. 苗族银饰造型的再设计

本作品系列服装运用了苗族传统服饰中的银饰、百褶裙等元素，从装饰效果强烈的苗族传统绉绣花纹呈浮雕状的特色中寻找灵感，并把银饰的形式分割重组，款式再造，吸取最新时尚潮流元素融入时装中，如夸张肩部造型等。在创作的过程中将苗族的银饰品以另

图4-47　毕业设计作品《银·乐》效果图

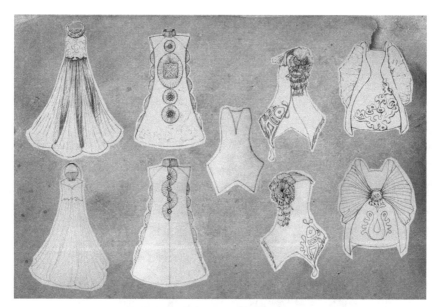

图4-48　毕业设计作品《银·乐》款式图

图4-49　毕业设计作品《银·乐》模特着装形态展示

一种形式应用到了作品之中，同时苗族女子服装的层叠及百褶的款式特点也是本系列时装的创作重点。以层叠的形式设计出的时装，使整体造型不仅时尚、个性，同时也有着浓厚的民族感。色彩引用苗族银饰中所提取的灰蓝色与白色，两者进行搭配，彰显穿着者的高贵气质，如图4-47、图4-48、图4-49。

（二）侗族元素和拉链的巧妙结合

在服装制作中，拉链只是单纯地用于门襟、衣襟、袖口等，功能性比较强。但在这次设计中，主要起到装饰作用。在衣服上采用线的分割，疏密变化，表现出女性内柔外刚、自信的性格特点；在配饰上用拉链结合侗族元素，进行盘绕，重组，叠加等手法，表现出女性细腻的一面。在配饰设计中，主要是把拉链分解，再结合侗族元素，制作出既时尚又具有民族特色的配饰。例如，在设计胸花时，主要结合侗族服饰纹样里的太阳纹进行设计，在制作时用剪刀剪一块双面呢，裁一个小圆，再用拉链在小圆上由外向里盘绕，周边再用拉链做出花瓣开放的感觉；在制作手镯时，先把双面呢裁成无规则的形状，再用银色拉链从外向内盘绕，但要由密到疏，由外向内扩散的感觉，然后再把这些不规则的形用鱼线缝合，最后用银色的接口连接；在制作时装包时，主要采用拉链拼接和叠加的手法，既简单大方又时尚高雅，如图4-50、图4-51、图4-52、图4-53。

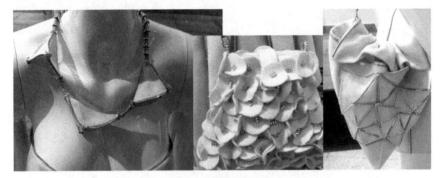

图4-50 配饰的设计1

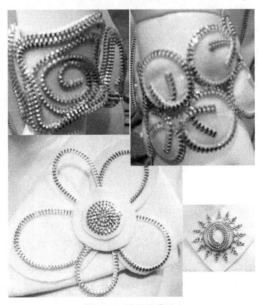

图4-51 配饰的设计2

图 4-52　《侗态》组合图

图 4-53　《侗态》静态展图

（三）裕固族头面装饰元素在创意服装设计中的应用

本主题系列服装设计的主旨是对"裕固族服装及头面装饰元素在主题系列创意服装设计中的应用"，进行全面的理论研究与实践。首先从裕固族服装及头面装饰元素和时尚元素中获取创意灵感，从元素中获取主要设计点并通过重构设计，形成了主题系列服装的主要部位设计形式，进而到整体的构思方法。作者先确定了创意设计的元素来源，以裕固族服装，尤其是其头面元素为设计点，进一步确立了系列服装的设计主题为"紫色片想"。

在"紫色片想"主题系列服装设计过程中，作者首先考虑的是本次创意设计的内涵和要求。裕固族属于北方区域的民族体系，其性格豪爽、热情，其服饰豪放、大气。因此，此次的主题系列服装设计延续了裕固族服饰的整体特点，服装风格定位在舒展、蓬松、不拘束的感觉上。

1. 应用于"紫色片想"主题系列服装中的创意图形元素

通过研究裕固族服饰，作者发现了很多可利用元素，如女子的红缨帽、高领口，彩虹边秀，男子的毡帽、烟荷包等，如图 4-54。从裕固族服饰的诸多元素中，作者挑选了已婚妇女佩戴的头面作为设计元素，将其渐变、重叠后，应用到了主题服装的创意中，如图 4-55 为将头面元素进行渐变、重构后的主题系列款式形态创意图形。

图 4-54 主题系列服装创意设计元素

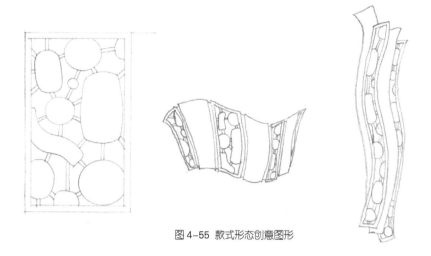

图 4-55 款式形态创意图形

2. "紫色片想"主题系列服装的创意研究与设计分析

（1）本系列创意服装的第一款，如图 4-56，瞄准当下的复古风潮，采用了连体萝卜裤造型，胸部采取内衣外穿的构成方式，上身以头面元素渐变而来的创意图形相互叠加，并延续到下身的萝卜裤造型上，以达到裕固族头面相互映衬、通贯全身的整体感觉。

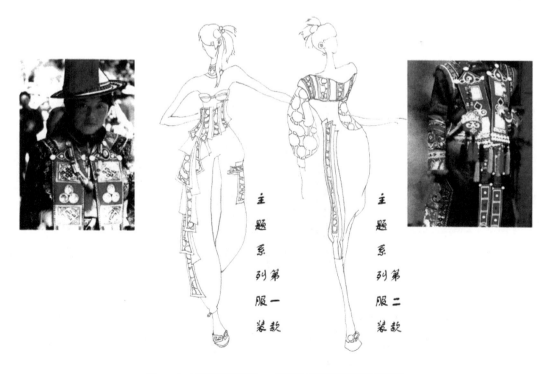

图 4-56 主题系列服装第一、第二款创意研究与设计分析图

（2）本系列创意服装的第二款，如图4-56，为连体裤、裙结合设计。其创意点在于裙尾部分的半围和式造型，围和的一端由鹿皮绒材质的头面创意图形连接而成，肩部由头面创意图形相互拼接，延伸至袖笼处舒展开来，形成大号的灯笼袖，延续第一款萝卜裤的蓬松、舒展之感。

（3）本系列创意服装的第三款，如图4-57，是一套小西装上装配灯笼裙的组合装。上身的小西装欲求贴合裕固族长袍挺拔的感觉，将袖子设计成能令肩部造型更加夸张的羊腿袖。后领模仿裕固族长袍的立领设计。而以鹿皮绒质的创意图形作为前开领，远看犹如裕固族少妇从发辫上垂下的两条头面。小西装由腰部急剧向外展开，配合蓬蓬的灯笼裙，完善整体的感觉。

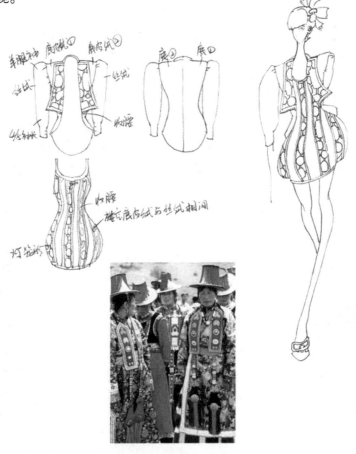

图4-57　主题系列服装第三款创意研究与设计分析图

（4）本系列创意服装的第四款，如图4-58，是一套披肩与连衣裙的组合。重点在于由头面创意而来的鹿皮绒材质，通过切割形成长条相互穿插、编织组成的披肩设计。头面元素的创意设计图形长短粗细各不相同，穿插在一起而形成的节奏感，穿在身上，犹如裕固族正月大会上正在舞蹈的少女，使之呈现华丽与秀雅共存的视觉效应。

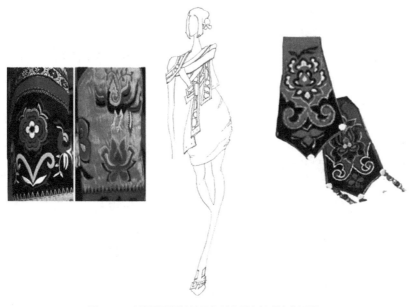

图 4-58　主题系列服装第四款创意研究与设计分析图

3."紫色片想"主题系列服装材质面料及配色方案的选择

裕固族生活在草原上，以畜牧为生，住房则是以帐篷和土屋为主，具有浓郁的大自然的气息。因此，在本系列服装的材料上，作者选择了带有泥土之色和具有动物野生气息的鹿皮绒作为主料，再以柔软而富有弹性的紫色丝绒作辅，来达到裕固族的原始之美、野性之美。图 4-59 为系列服装的选料配色图。

图 4-59　主题系列服装设计的材质面料的灵感来源及配色方案

4. "紫色片想" 主题系列服装效果图的艺术风格与制作过程

正如前文提及，裕固族的人民粗犷、豪放，他们的生活中弥漫着草原人民特有的悠扬气息。本次创意服装设计取 "紫色片想" 为题，意在表达这种弥漫在裕固族中的豁达、开朗，有如置身世外桃源的独特气息与艺术风格。因此，作者在 "紫色片想" 主题系列服装设计效果图的制作过程中，始终紧紧抓住对 "置身世外桃源" 这一艺术氛围与风格的把握，并通过制作来体现这一主题要旨。在制作过程中，作者首先用水彩颜料来绘制服装的丝绒部分，用晕染开来的水彩体现丝绒柔韧的质感。鹿皮绒部分则是通过电脑的仿制图章工具进行着色、修改。图 4-60 是系列服装的色彩效果图。

图 4-60　主题系列色彩效果图

5. 制作 "紫色片想" 主题系列服装实物过程中的创意点

在决定主题系列服装的材质面料及配色方案，并且确定了本次创意服装设计的风格后，就正式进入到实物制作阶段了。在制作过程中，作者特别在裁剪上注意了面料的分割及省道的位置，衣片采用大弧度的曲线，力求整个服装在型上彰显松弛、大气的效果。此外，在镂空的处理上充分考虑到真人穿着时的运动形态，运用同一色调中深浅度不同的面料进行贴合，使得服装从每个角度看都有其独特的视觉感受。图 4-61 为系列服装的真人秀照。

图 4-61　"紫色片想" 主题系列真人秀照

第五章

少数民族女装色彩设计

色彩是生活的音符，生活的韵律，它可以增加花纹图案的艺术感染力。色彩是审美感觉中最普遍、最大众化的形式之一，是构成服饰美的一个重要因素，它可以增加服饰艺术的感染力，使服饰更加富于现代感。色彩是民族服饰，视觉情感语义传达的另一个重要元素。民族服饰色彩语义的传达依附于媒体展示，通过视觉被人们认知，不同的色彩其色彩性格不同，作用于人的视觉产生的心理反应和视觉效果也不尽相同，因而具有了冷热、轻重、强弱、刚柔等色彩情调，既可表达安全感、飘逸感、扩张感、沉稳感、兴奋感或沉痛感等情感效应，也可表达纯洁、神圣、热情、吉祥、喜气、神秘、高贵、优美等抽象性的寓意。民族服饰色彩多运用鲜艳亮丽的饱和色，以色块的并置使色彩具有强烈的视觉冲击力和视觉美感，明亮、鲜艳、热烈、奔放，显示出鲜明的色彩对比效果。

第一节　少数民族女装色彩特点分析

一、民族服饰色彩特点总体分析

（一）民族服饰色彩的构成

民族服饰色彩以色相、明度、彩度的变化与相互间的无穷组合，传达给人们的是一个无以计数的、丰富的民族色彩世界。某一民族（服饰）色块本身并无从判断其美与丑，单独的色彩是自由的，所谓的民族服饰色彩实则是一种组合，即配色。针对民族服饰的配色人们有能力将不同的民族色彩做适当的排列与组合，使民族服装在整体视觉上形成美好而调和的民族色彩感。这里所谓的"调和"是指当两个或两个以上的民族色彩并置在一起，彼此相辅相成，共鸣而依，而无排它与互损的相对状态。民族服饰色彩的调和是配色的最终目的。民族服饰色彩的对比与调和是民族服饰色彩组合的重要规律。民族服饰色彩靠对比相互衬托，而民族服饰色彩的调和是以对比为条件的。民族服饰色彩的配色美是民族服饰色彩对比与调和多样统一的形态表现。

民族服饰色彩由内层（部）和外层两个部分构成，内层结构是由色彩的形式和意义组成，外层结构是指它的表现环境，即色彩所依附的服饰质料、形制、图案和决定色彩意义的社会文化环境等。

　　民族服饰色彩的能指即其形式层面，是指能够用来指述、表现和传达各种意义的服饰色彩；民族服饰色彩的所指亦即其意义层面，是被民族服饰色彩的能指层面加以指述、表现和传达的内涵。色彩的色相、明度、彩度等，可以看作是服饰色彩的形式要素；而色彩所指述的历史、神话、传说，摹状的天象、人事、图腾，纪念的祖灵、神物以及乞求的愿望、宣泄的感情和传达的其他种种民族文化的信息，都可以看作服饰色彩的意义要素。不同的民族、不同的时代或文化环境中的人在组合服饰色彩的形式要素和意义要素时，有着不同的组合法则和构成关系。这种内在的组合法则和构成关系正是一个民族区别于异族的文化标志之一，也是他们在文化上、心理上进行认同的"乡音"。只有按照一定的规则排列组合并赋予一定意义的色彩，才构成民族服饰色彩的形式层面。例如，在藏族人的心目中，白色是美好的象征，是善的化身，它代表纯洁、温和、善良、慈悲、吉祥；白色一旦表达了"善"意，就成了民族色彩的形式和信息传达；"善"则相应的成为白色的所知内涵。于是，白色成为可感知的表层结构或物质外壳，"善"作为蕴含的深层结构或意义内核，二者之间是互为表里，不可分割的关系。当然，这只是藏族色彩文化的一个局部的特征，我们通常所见到的还有他们的彩绸衬衣、锦缎袄褂，还以金、银、红珊瑚、绿松石、黄虎珀（密腊）等作头饰、胸饰、腰饰、手饰，把全身装扮得珠光宝气，雍容华贵。这些种种色彩形式，各有其不同的象征意义，从而成为识别性的标志。

　　民族服饰色彩象征的外部结构，一是色彩所依附的服饰质料、形制、图案。尽管色彩是民族服饰诸要素中较能表达思想观念和信仰的部分，但色彩毕竟只是服饰质料的一个属

图 5-1　藏族头饰　　　　　　　　　　图 5-2　喇嘛服饰

性而已，如果没有一定的物质材料为依托，色彩是无法表现出来的，更何况质料、形制、图案等也各有其独立的表达意义，只有把色彩与它们结合起来，才能更好地完成服饰的表意功能。二是民族服饰色彩据以获得意义的社会文化环境，这主要包括宗教文化、政治文化、社会经济交往等。

以藏族僧俗服饰为例。僧人服饰沿袭了印度僧装的样式、材料、色彩和制作方式。一般由棕红色或黄色氆氇制成，僧装的教派区别差异不大，主要根据喇嘛的地位等级来确定服装的质地、款式、色彩和做工。作为地位崇高、学识渊博的象征，高僧衣袍选用的氆氇细软，坎肩两侧装饰金花缎。普通僧人用料较粗，做工也简单。衣服的颜色也有规定，活佛可以穿黄色，普通僧人只能穿紫色、红色、绛红色，刚入寺的学徒，穿黑色的僧服。黄色象征完美，代表一切高贵的特征，如图5-1、图5-2。

（二）民族服饰色彩的特点及应用

中国各民族服饰的色彩，表现的是唯善唯美、自然和谐的意味。尽管我国民族众多，各民族都有自己的色彩崇拜，但是热爱生活、向往美好是各族人民共同的愿望和永恒的追求。除了汉民族极为喜好传统的大红、金黄色之外，各少数民族服饰中多大胆应用鲜艳夺目、层次丰富的色彩，这不仅反映出少数民族服饰本身多样化的艺术趣味和审美追求，更反映出不同民族、不同时代及不同文化背景下的不同色彩理念。少数民族服饰之所以具有这样动人的魅力，其中丰富的色彩感当是重要原因之一。

我国少数民族服饰的色彩大致可归纳为三大类型：其一，以五色斑斓的大红、大紫、大蓝、大绿为装饰特点，其色调层次十分明显，色块间所形成的对比和反差较大，因而视觉冲击力十分强烈。如：苗族妇女不仅在衣袖、衣襟、围裙等许多部位绣以五颜六色的花卉图案，就连手帕、荷包等物件上，也都绣有精美的刺绣纹样，强化服饰及其配件间的整体协调统一，延展本民族服饰文化的视觉创作艺术空间，并加强服装整体包装效果的艺术表现和审美传达，这也正是苗族被称为"无人不穿花"民族的真正缘由；土家族妇女的彩虹式花袖，则由五节很宽的蓝、红、白、绿、黑或红、黄、绿、蓝、紫等布圈或彩缎镶接而成，她们以彩虹为模式，并赋予其一定的象征意义；向有"素衣民族"之称的朝鲜族，虽然成年男女衣着多以素衣为主调，但儿童穿的"七彩衣"却分外鲜艳亮丽。这是一种追求绚丽色彩的类型。其二，服饰色彩虽鲜艳明丽，却不繁缛杂乱，一般以浅色调为主，表现的是一种优雅恬淡的审美情调，这种色彩搭配方式，以东北的朝鲜族和西南的傣族、白族、彝族的妇女服饰为典型代表，尤其是白族妇女的服饰，堪称色彩调配的艺术杰作。该民族青年女性的服饰，由头帕、上衣、领褂、围腰、长裤等几部分组成，以上衣为主色调，多为白色、嫩黄、湖蓝、浅绿等颜色，间以红色点缀，这是一种追求明快和谐色彩的类型。其三，崇尚黑色和蓝色，在服饰上常以此作为主色调，显得庄重严肃、沉稳朴实。如壮族服饰多以黑与蓝为主色；仫佬族则不论男女老幼，一年四季衣服均为黑、蓝两色，可谓崇尚黑与蓝的典范。

除以上几种民族服饰在色彩方面大的趋向以外，还有其他一些风格和特点，其情况比较复杂。如满族传统服饰用色中，是以白色为崇尚色，象征纯洁善良、吉祥和平；哈萨克族服饰中则以黄色象征智慧和苦闷，黑色象征大地和哀伤，绿色象征春天和青春，这是另一种追求庄重深沉色彩的类型。

可见，各少数民族在服饰色彩的特点与应用上，既有共同之处，也有明显差异。其原因主要是由于各民族之间有着共同的地理环境，同居一地构成了重要的民族地缘关系，也导致了各民族之间长期共生存的外部空间联系，及其风情习俗、传统文化上相互间的互容与互补。同时，各民族生存空间和地理环境又有各自的独特性，从而产生和保留了各自不同支系源远流长、个性突出、特点鲜明的民族特色，并由此积淀发展成为"有意味的服饰色彩形式"。

二、少数民族女装色彩形式多样

（一）艳丽的苗族女装色彩

色彩最能表现苗族丰富多彩的生活，以及曲折复杂的历史世界。苗族对色彩的热爱，实际是热爱生活，热爱大自然的反映。服饰花纹图案的醒目和突出，其用色的独到之处使人联想到万紫千红的大自然风光。在颜色的选择和搭配方面，以黑紫面料为底，在上面绣上红、黄、绿、紫、白等颜色，既协调又淡雅。苗族妇女在色彩的组合搭配上通常不考虑图案形象的完整性，而是用不同的对比色把形体割裂开来进行形象化，从而产生五彩缤纷的视觉效果。妇女们对山里的一切自然物体的解悟，到将自然中五颜六色的色彩的认识和理解，促使她们对自然物体的遐想并绣在布上，形成了完美的图案，在心理上获得满足。这种满足除了表现对故土的思念外，同时也是她们在异性面前感到自豪和展示自己的才能的体现。

（二）尚黑的彝族服饰

彝族尚黑，作为统治阶级的黑彝，男女老少一身黑衣。尚黑源于彝族的图腾崇拜，传说彝族的先祖是一只黑虎。彝族古代对虎图腾的崇拜表现在多方面。彝族妇女们喜将虎的图案绣在各种服饰及其他用品上，昆明近郊的彝族，为刚出生的婴儿准备的衣物，必是一式的虎头帽、虎头鞋和虎头肚兜，因为彝族自认为是虎族，为婴儿准备虎衣，便意味着虎族对新成员的血缘关系的认可；新中国成立前贵州毕节地区彝族妇女在出嫁时要戴虎头面罩作为遮羞之物。服饰中的虎除作为虎图腾及虎宇宙观意识的反映外，同时又增加了驱鬼避邪与象征吉祥幸福的寓意。

（三）纳西羊皮披肩色彩的装饰化和象征性

在我国传统视觉艺术领域内，我们民族的审美原则是用有限表现无限，用单纯表现丰富，用整体直观的方法感受形象。这一原则体现在民族色彩审美上，就是要求色彩单纯明快，讲求平面的色块对比，强烈的装饰趣味。我国传统艺术凡涉及色彩，总具有某种装饰意趣。如中国画中的工笔重彩，戏剧中的脸谱以及民间彩绘，泥塑，版画，无不摆脱了自然色彩的羁绊而寄以感情的抒发，与随类赋彩的写生式色彩表现大相异趣，而是具有浓厚的平面装饰趣味，其色相、明度和纯度的对比都很强烈。为了达到调和，往往调整其面积比例，或大量加金、银、黑、白等中间色彩缓冲，或者运用色彩深浅层次的退晕变化。我国传统服饰有这种用色饱满，浓重，鲜明的倾向，除少数几个历史时期外，一般少采用弱对比和粉淡的色彩系列，如仍保留着我国各个不同历史时期服饰影响的少数民族苗族、景颇、彝族等，大多喜欢在黑蓝等深色底子上绣或印上鲜艳的花纹，其色彩暗中透亮，鲜艳夺目，具有浓厚的乡土风味，也反映出我国人民传统的色彩偏好。

中国的五色观念深入人心，以致我国人民世世代代都对这几个颜色十分推崇，经过研究调查表明，中华民族色彩爱好的顺序为：赤、黄、青、白。如果再加上一个黑，则正是五行学说的"五色"体系。民族服饰的文化功能，无不随着历史的演化而演化，其中一个重要的也是必然的趋势，就是服饰从巫术宗教以及记史释俗的历史重负下解脱出来，成为人们美化生活的衬饰。特别是到了现代，穿戴时装已真正成为一种艺术样式，其欣赏的或表现的审美功能，已大大超出了实用的以及其他观念的文化功能。

服饰对民族既然有如此要紧的"感应"作用，个人的福祸凶吉，当然也会与服饰发生感应，仍以服色为例：纳西族将人的生辰与服色对应起来，认为人处事的五行或十二属相的"天香"与衣服的"色相"皆有生克关系，什么年属什么的人只宜穿什么色的衣服，如有违反则"不吉"甚至"凶"，皆可成为"病因"或灾患之源。反之，如穿服得当，则有驱邪除灾的作用。服饰的巫术幻化功能，于此可见一斑。

纳西族妇女服饰中的羊皮披肩，上绣七星，是纳西女服一个著名的符号。它表现了纳西族人民早期"日出而作，日落而息"的生活方式，用来形容起早贪黑的劳动态度，是勤劳的象征，反映了一种艰苦创业的精神。从审美的角度看，在古朴厚拙的羊皮披肩上绣七星，表现了高原夜空的壮美。羊皮披肩是按蛙形裁剪的，羊皮披肩披在背上，人蹲下后，形如蛙状。整个羊皮披肩又成为另一个符号，这是纳西族先人以蛙为图腾的一种印记。青蛙是纳西族文化中的一种灵异的动物。据《东巴经》记载，纳西族的阴阳五行"巴格"产生自一个黄金大蛙，而人的出生、新生儿的取名都与这源于母蛙的阴阳五行有密切联系。四川木里县屋脚村供奉女神"巴丁拉木"，"巴丁"意为青蛙，"拉木"意为老虎。当地纳西族认为该女神是他们的最高保护神。纳西族的先人将这种蛙崇拜观念，积淀到服饰中，形成了蛙形披肩，如图5-3。

纳西族历史上有一种较原始的五行观念，东巴经称之为"精威五样"或"精威五行"。

图 5-3　纳西族传统男女服饰

这种观念认为，世界的万事万物，都处在互相感应、相生相克的循环对应关系之中。它将类似"五行"的木、火、铁、水、土与五种色彩的天体、植物、动物、人种、文化等联系在一起，构造了一个有机统一的神话模式。世界上的创生与此有关：上古的时候，天和地也还没有开辟的时候，上边先发出喃喃的声音，下边后发出嘘嘘的气息，声音和气息发生变化，出现了一个白蛋。白蛋发生变化，出现了五样"精威"（木、火、铁、水、土）；五样精威起变化，出现了白、绿、红、黄、黑的五股风；五股彩风起变化，出现了五个彩蛋。白蛋起变化，出现了盘族的白天和白地，白太阳和白月亮，白星星和白彗星，白山和白谷，白村和白石，白犏牛和白牦牛，白山羊和白绵羊，白牛和白马。盘族，生下九个儿子，建下九个寨；养了九个女儿，辟了九个庄。其他彩蛋也相应起变化，绿蛋变出龙王及其绿色系列的万物，黑蛋变出美令术主及其黑色系列的万物。

（四）藏族服装的色彩特点

　　色彩是康巴藏族服饰点缀的灵魂，他们在色彩运用上十分注重色块与整体的相衬与和谐，其运用最多的红、黄、蓝、绿、白、黑，往往包含了宗教的象征意蕴，又归纳了雪域大自然所呈现的直观象征：他们认为蓝、白、绿、红、黄五彩是菩萨的服装，蓝色代表蓝天，白色表示白云，绿色表示河流，红色表示空间护法神，黄色表示大地。

　　藏族人长期聚居在雪域高原，那里地域辽阔，地势险峻，高寒荒漠地带分布较广，高原湖泊星罗棋布，拥有不少优良的天然牧场，气候干燥寒冷，空气稀薄洁净，日照充足。在长期的游牧生活中，藏族人民对洁白的雪山、蔚蓝的湖泊以及绿草如茵的牧草产生了深厚的感情，在他们的价值观念中，人与自然是共生共存的伙伴关系，是平等的关系，不但人有生命，自然界的动物、植物甚至雪山、湖泊都是具有灵性的生命体。因此，藏族服饰的色彩，多是由藏蓝、纯白两色构成的（当然特殊身份、特殊场合的服饰也由其他色彩和多色组成）。在广袤的牧场上，在辽阔的平原上，穿着藏蓝色或白色服饰的藏家人，把高原揉进了和谐、绚丽的艺术构图之中。藏蓝、纯白两色的选择，对于高寒的西藏来说，不仅是最佳的色彩搭配，同时也反映了藏民族的审美意蕴和审美理想。在藏族人的心目中，白色，是美好的象征，是善良的化身。它代表纯洁、温和、善良、慈悲、吉祥，白色的哈达作为吉祥物，献给尊敬的客人；白色的羊毛也同样被穿在身上，系在婚庆用的礼品上，藏族姑娘身上亮闪闪的白银首饰更是增添了她们的美丽；而选择藏蓝色作服饰，却多少含有对湖泊的崇拜。有趣的是，无论是居住在卫藏地区、安木多地区、康区或其他地区的所有藏胞，几乎无例外地、不谋而合地选择和认同藏蓝、纯白两色作为服饰的主要颜色，这多少反映了这个民族对藏蓝、纯白两色的崇拜，从中让我们多少窥见了这个民族千百年来形成的一致的欣赏。除了上述两色，藏族人还偏好浓重的颜色，一般说来，藏族男袍多用深蓝、深紫、紫红、黑色等，女袍多用深绿、果绿、湖蓝、枣红等，对黄色比较慎用，因为它是活佛才能用的服色，平民百姓不能越过等级。

藏族服饰表现在色彩、纹样等方面的递增排比规律，是藏族服饰的一个突出艺术特点。色块递增和排比规律在藏装中运用得很多。其中牧区皮袍的花边，常用蓝、绿、紫、青、橙、黄、朱等竖立色块，依次递增构成五彩色带。由于对比色、同类色组合在一条彩带上，所以给人一种跳动、活泼的感觉。牧区妇女皮袍的肩部、下摆和袖口常用近10厘米的黑、红、绿、紫等色条依次排列，构成既稳重又豪放的图案，非常醒目，使人感到振奋。

色彩的强烈对比而又协调统一是藏族服饰的又一个突出特点。藏族服饰中大胆地运用红与绿、白与黑、赤与蓝、黄与紫等对比色，并且巧妙地运用复色、金银线，取得极为明快和谐的艺术效果。许多白氆氇藏袍镶以巨大的黑色袖口、领口和下摆，这种黑色边饰宽达尺余。为了突出这种黑边饰，还要穿白色裤子。妇女的发饰中，常用鲜红和翠绿、朱红和群青、粉红和天蓝等对比色毛线缠于辫中。花藏靴上的红、绿氆氇相比并存，就连"松巴"一种花藏靴上的绣花也是用极为鲜明的对比色所组成。对比色在服装和束扎用品的色彩处理方面也常出现。

（五）侗族服饰色彩特点

侗族爱用黑、蓝、紫、白、粉红等淡雅、明快又温馨的色彩，忌大红大绿，服饰色彩鲜艳明朗，毫不阴暗晦涩，但又不显得繁复而令人眼花缭乱，同时它秀丽和谐，色块之间和整套服饰搭配协调合理，给人以一种清丽悦目的审美感受。侗族妇女服饰一般是在清蓝底色上，在衣领、襟边、胸兜、袖口、下摆等处配以色彩斑斓的花纹装饰，主要有绿、黄、白，显得清新秀丽，素雅和谐。帕子之类的织绣品，多以白布或黑布做底，用黑线或白线、

图 5-4 侗族服装色彩

蓝线挑花刺绣而成，黑、蓝、白对比鲜明，格调朴雅。背带、围腰、童帽等，一般以黑色绒布或侗布做底，用色彩鲜艳的红色或绿色的丝线绣成，风格雅致，色调明快。侗锦的色彩，通常以蓝色和黑色作底，配绣于粉红色为主的太阳、月亮、龙、花、鱼、鸟等，使对比色统一于深色之中，冷暖色协调组合，呈现出一种明快素雅、秀丽和谐的审美风格，如图 5-4。这种服饰风格，充分体现出青山秀水、红花、绿树、鼓楼等自然风景潜移默化地对侗族人民美观念的陶冶，可见侗族的服饰设计灵感大多来自于自然。

侗族的服饰色彩又给现代服装设计师带来无限的服装设计元素和设计灵感。比如在张天爱的作品中，通常都以红黑两色为基调，简洁高贵，浑然天成。衣着展示则以东方本土风情为本，但同时又有着清新浓郁的异域情调，这些女装成衣无论从面料款式，还是从做工搭配等方面都近乎完美，无可挑剔。吴海燕、张天爱、张肇达、陈家强等都多次发表过相关主题的作品，为复兴我国民族服饰文化做出了贡献。其突出的特点是运用大量的侗族服饰色彩，透过时尚与经典创意组合诠释服装内涵，时尚与经典、东方文化传统与时尚交集荟萃，追求服装独特的民族风格，注重整体色彩，个性而不张扬。

（六）彝家人特有的三原色

黑、红、黄三色是彝族服饰文化的主色与亮点。彝族以崇拜火著称，每年农历六月二十四，各地彝族同胞欢度盛大的"火把节"，三四天的时间里，每当夜幕降临，人们纷纷点燃火把走出家门，四面八方的火把聚到一起，祝词一声高过一声，歌声一浪压倒一浪。我们看到火红的烈焰映照着火一样热情的人们，红的、黄的、黑的色彩交织着欢快的乐章，这正是彝家人特有的色彩。彝族同胞把黑色视为高贵、庄重和尊严；红色代表着勇敢、热烈和吉祥；黄色象征着美丽、光明和富贵。

黑、红、黄三原色与彝族人民的宗教信仰和民俗文化有着深远的历史渊源。无论是在

图5-5 彝族三原色服饰

远古时代的昨天,还是21世纪的今天,彝族人民在长期的生活实践中,在我国古代五行色彩——青、赤、白、黑、黄的基础上,以丰富的想象力、卓越的创造力,根据地域环境及民族特征,创造出属于自己民族色彩的黑、红、黄三原色,如图5-5,表达了这个民族在不同时期的各种感受和情绪。并且在长期的历史积淀中,黑、红、黄三色成了彝族这个群体相互认同的、最敏感的、并能产生共鸣的色彩语言符号和信息联系的纽带。衣身最常用的主体色彩即为黑色,百褶裙和头饰较多采用大红色。衣身上的刺绣色彩丰富,黄色是所占面积较大的一种颜色。彝族崇尚的红、黄、黑三色搭配在一起能够形成较强的视觉冲击力,也能通过面积的调配,明度和纯度的变化达到协调的效果。红色和黄色为三原色之二,纯度很高,两者并置对比十分强烈,但加入适量的黑色,可以缓和紧张的视觉情绪,减弱对比,增加平衡。或者打破传统的色块组合,运用空间混合或渐变的方式来演绎这三种色彩,可取得不同凡响的独特效果。服装的面料图案或款式造型可以设计得简约现代,但是采用了这三种民族性很强的色彩相搭配,浓郁的民族风味依然可以呼之欲出。

（七）满族服饰色彩特点

清朝满族妇女的服饰色彩在森严的等级基础上呈现出纷繁多样、美轮美奂的艺术特色。例如:皇太后、皇后及皇贵妃的朝袍,都为明黄色,装饰着九条金龙、五色云及福、寿等纹样，下摆是八宝立水的花纹；贵妃和一般妃子的龙袍为金黄色；嫔的龙袍为香色。另外，清朝的印染工艺十分发达，竟然可以印染出几十种颜色的布。这为满族服饰色彩的绚烂提供了必不可少的技术支持。单单是红色便有大红、桃红、莲红、水红、银红、木红、锈红等。黄色主要有明黄，褐黄，鹅黄、金黄。绿色有豆绿、油绿、墨绿、官绿。白是月白、草白。褐色有茶色、藕褐色。蓝色有天蓝、湖蓝。另外还有石青，象牙黑，玫瑰紫、深绛等颜色。

图5-6 皇后朝袍

图5-7 繁复绚丽的马甲图案

图5-8 紫罗兰色马甲

图5-9 褐黄色马甲

图5-10 明黄色龙袍（局部）

　　随着历史的不断前进和进步，满族的传统色彩也常常有追随"时尚"的新变化，如乾隆中期流行玫瑰紫色，而在末期由于一些达官贵人对深绛色的推崇，许多人争相效仿，并把此作为"福色"。从入关前的几百年里，女真先人们尚白色，到女真族南迁到汉族地区附近受到汉族影响开始大面积使用红色和绿色的染色鹿皮；从清军入关后对明黄、金黄、红、白、蓝、石青等颜色所规定的严格等级制度，到清王朝被推翻之后，各种色彩的全面发展和广泛应用。

（八）哈尼族服饰色彩特点

哈尼族崇尚黑色，哈尼族无论男女，其服装均以黑色为美、为庄重、为圣洁，将黑色视为吉祥色、生命色和保护色，所以，黑色是哈尼族服饰的主色调。这是其在漫长的迁徙过程中形成的历史沉重感和审美的心理要求，是社会历史文化发展程度及哀牢山自然环境和梯田稻作农业所决定的。哈尼族以梯田农业为主要生产方式，黑色，对高山农耕生产者来说在保暖、耐脏、耐磨等方面都有独特优势；另外，这一习俗也是地理环境、社会生活的封闭以及"避世深隐"的民族心理、落后的传统原料和印染技术的客观体现。

哈尼族服饰无论在原料、色彩、款式、装饰手法等，无不与梯田农耕生产密切相关。以梯田农耕生产和梯田文化为主体的社会意识形态和社会生活方式决定了其服饰的改良、发展均以反映梯田文化内涵、适应梯田生产需要为原则。作为哈尼族服饰颜色主体色也是最重要的颜色的黑色所表现的强烈内涵是多层面的，其蕴含的感情甚至是矛盾的，一方面是积极的，使人联想到庄重、严肃、坚毅、神秘、沉思；另一方面又是消极的，使人联想到黑暗、恐慌、冷酷、悲痛、罪恶，正是由于它的多面性，使其在服装上也具有多重性，既能表现正义方的沉稳与庄重，又能表现恶势力的残暴和冷酷，在舞台服装中占有很重要的地位，国际舞台发展历史中索福克勒斯和欧里庇得斯时代，剧中人则以有悲剧色彩的黑色舞台服装为主，《天鹅湖》里面魔鬼的服装也是黑色，在时装界"新黑色"代表最新时尚潮流，在舞台服装中亦是如此，一顶黑色的帽子，一件黑色的小洋装，一双黑色的高跟鞋，一条黑色的裤子，一只黑色小包包，或是一个黑色的小胸针，从大到小，无不与舞台中的人物形象及心理特性相联系。

哈尼族服饰中"帕常"、包头布、袖口、腰饰、胸饰、头饰、衣襟中还包括红、黄、蓝、绿等多姿多彩的颜色，这些颜色都是聪明的哈尼族人根据生活的环境从植物中提取的，如图5-13，这些鲜艳的颜色在舞台灯光的应射下不仅光彩耀眼熠熠生辉而且舞台人物的形象也很好地呈现在观众面前。

图 5-11 Givenchy 为 Madonna 设计的礼服

图 5-12 Rihanna "融为一体" 的舞台服 BOA 黑色演出服

图 5-13 从植物中提取颜色而制造的色彩艳丽的哈尼族服装

（九）瑶族服饰色彩特点

瑶族由于其生活地理环境的影响，其服饰用色鲜艳夺目，一直以来瑶族服饰就有"五彩斑斓"之称。瑶族服饰色彩搭配通常是明度一高一低，色相近乎互补的对比色搭配。如普蓝或黑色底布配上大红、朱红、橘红、玫瑰红、柠檬黄、草绿、湖蓝、紫罗兰、白色等色。瑶族服饰色彩搭配形式虽多，但都是以色相和明度对比为主的搭配形式，基本归纳为 2 种：单色与多色对比、暗色与亮色对比，如图 5-14。

图 5-14 瑶族服饰对比色搭配

　　单色与多色对比：如红头瑶和平头瑶妇女服饰，以黑色或靛蓝色为主色的上衣，下配绣满 5 种以上不同色彩图案的裤装，极具民族特色。暗色与亮色对比：如蓝靛瑶妇女的服饰，全身黑色或靛蓝色，仅在领口门襟处和腰带头上嵌上玫红绒线流苏；板瑶则是在黑底的上衣上装饰红色花布的披肩、镶边、腰带等。红与黑的对比简洁时尚，视觉冲击力极强。这种搭配色彩对比强烈，与近年来崇尚视觉冲击力的服装色彩趋势相吻合，如图 5-15。

图 5-15 国外时装中的色彩对比

第二节 少数民族女装色彩
在现代服装设计中的应用

一、国内外服装设计中民族色彩的应用

　　法国著名时装品牌 Dior 的首席设计师约翰·加里亚诺就是钟情于各种民族元素色彩提炼和设计的鬼才。他曾在 2004 年发布过一场埃及风格的时尚秀。整个秀场不论是服装、化妆还是舞台，都充斥着金色、赭石、宝石蓝等极具民族风情的颜色。华丽神秘的埃及色彩和形象让观众耳目一新。2007 年的迪奥发布会更是充满了迷幻和柔美的东瀛特色（如图 5-16），桃红、奶白、钴蓝、草绿、紫罗兰……艳丽温和的气息使观众们沉静在梦幻中的春天里不能自拔。而且，他总是采用很多来自中国的元素：优美典雅的旗袍线条、精致的绣花、浓郁而又很中国的色彩……在他的手中，古老的东方风情又添进了新的活力。

图 5-16 Dior 的绚烂色彩东瀛风格

其实，不仅是约翰·加里亚诺垂青满族元素，其他设计大师们也常常得益于我国民族文化的瑰丽宝库。旗袍、肚兜、中国结和中国最具特色的色彩、丰富的图案都成为当代炙手可热的时尚风向标。作为传统服饰中最为经典的款式之一，旗袍代表的是：优雅、知性。它善解人意地裹出东方女性柔美的身体曲线，同时也含蓄地传达着女性的魅力和性感。将旗袍元素和红、绿等富有中国特色的色彩相结合，再加以时尚化处理，大师们手中一件件艺术品既具有浓郁中国特色又符合现代人的审美情趣。法国的服装设计大师皮尔·卡丹如是说："我从中国的旗袍中获得了丰富的灵感。"此外，奢侈品牌夏奈尔的设计者拉克菲尔德善用黑白，他曾将两种这样单纯的色彩赋予在中国古典图案的原型——各种花卉上，不禁让人联想到一些少数民族的图腾。而另一位著名的时装设计大师乔治·阿玛尼喜欢将中国剪纸般的印花作为女帽上抢眼的装饰，虽然看上去已经和我们传统意义上的"中国风"有所不同，但正是这种似是而非的运用传统元素和色彩的理念使得他的设计更具内涵和新意。西方众多时装设计大师们对我国民族元素和色彩简化创新的设计，是值得我们认真学习和借鉴的。

民族服饰中的元素现在已经成为时装设计师们的灵感源泉，民族服饰色彩给现代时装带来了丰富的视觉感受。无论从色彩层次感，面料图案，还是搭配等方面来看，都是一次美味的时尚盛宴。现代时装多层次、多色彩的穿着风格，让人感觉到一种精致的美丽和随性美感，自然的个性，拨动了平静的心弦，充满了东方神韵。面料图案色彩的搭配与服装

图 5-17 2013 年上海迪奥展

主色调的搭配，不仅相互对比，而且相互呼应，使现代服装充满活跃醒目和民族的艺术气息。例如，刺绣的花卉，几何图形等自然纹样，斑斓的色彩，颇具兴致和审美价值；宽大的艳粉色袖口设计，既体现出了飘逸的风采，也体现出了洒脱的风范，打造出既性感、又酷感的个性形象；现代许多服装在领口、袖口处加入民族纹样，给简单的款式带来了全新的鲜明形象，更显高贵、典雅，同时展示出卓越不凡的气质。

就带有民族色彩的时装对商业的影响而言，在一定程度上能促进时装产业的发展。例如，面临中国这一市场，Louis Vuitton 2009 春夏用民族色彩讨好东方国家，2010 年 Marc Jacob 五光十色的设计，充满异国风情，仔细拆解，不难发现这组系列加入大量东方色彩、民族特色、欧陆式结构元素，同时，配搭上比以往更见趣味，变化成 53 个崭新巴黎式风格，如图 5-18。在过往每季的主题都很鲜明，但是在这一季上演一个大杂烩，看起来明明很有复古的法式时髦感觉，却又让人感受到一点点异国气息。Marc 这次用力很大胆的手法，设计大部分以欧陆式骨子结构为主，用强烈的民族色彩给人一种视觉冲击，修身与剪裁也是一重点，然后从中渗入民族元素。继续围绕最拿手的结构，一件又一件雕塑般的上衣，再配上带有 Art Deco 风尚的拼贴效果，各种色调的搭配，同样英姿焕发。然而，Marc 选择以珠光宝气作伴衬，几乎每件作品上都缀上金饰、彩色闪石，好像是从文化大国的中国进发。这一手法成全了法式时髦的绚烂风格。在现代盛行的中国民族风的时装中，民族色彩首先就映入眼帘。这样既能刺激中国时装的发展又能促进消费。

图 5-18 2010Marc Jacob 时装发布会

图 5-19 2009 春夏 Missoni 发布会

在时装中运用民族色彩，是这几年世界风行的一种设计潮流。时装融入民族色彩变幻出不同的风格，让时装更加丰富。民族服饰色彩在客观上表现出来的"美"多是本能的、不自觉的。随着色彩实践的深入，人们对色彩的本质和规律将有进一步的认识和把握，他们将从本能中解脱出来，在色彩的利用上完成一次飞跃，达到真正意义上的自觉。在时装上的运用就是一种很好的诠释。如图5-19，在2009春夏Missoni时装发布会上，民族色彩在栗绿、淡粉、杏黄的和暖底色上用柔和的线条圈画出深浅不一的迷乱色块，优雅含蓄，这种色块打破了线条的束缚，各种朦胧的色调在一起，演变为万花筒和调色板上的相互交叠的姹紫嫣红。

民族色彩不仅在时装中可以运用，在舞台服装中的运用也表现得淋漓尽致。舞台服装中的色彩往往是非常突出的，它不仅能表现出戏剧服装中的历史和民族特点，也能表现出人物的性格特点。民族服饰色彩历来就在舞台服装中得到了很好的应用，它斑斓的色调和象征性的搭配运用在舞台服装中有着吸引人的视觉效果，能达到舞台服装的魅力。中国舞台服装大师叶锦添，他所运用的服装色彩给人一种强而有力的精神效果。叶锦添在全世界推行他的"新东方主义"的美学理念，是让世界了解到东方文化艺术之美最重要的艺术家之一。举例来说，《夜宴》是他最重要的一部作品，如图5-20，在《夜宴》中，他巧妙地运用了民族服饰色彩。把民族图腾中的色彩和服饰中的色彩巧妙的结合，在服装中通过图案的演化勾勒出戏剧的特色。他的艺术领域早已超出人们熟悉的影视界限。从传统戏到现代舞，他的艺术承袭了讲求意境的中国文化传统，他在服装中的色彩运用的淋漓尽致，以充满创意，繁复、夸张、华丽的表达方式，向世人展示一种富有东方诗意的超凡世界。

图5-20 《夜宴》中的服装（叶锦添设计）

彝族是一个尚黑的民族，黑色是彝族服饰的基调，国外服装公司GUCCI的总设计师汤姆·福特正是利用彝族这一文化，并结合彝族服装及银饰上的图案作为灵感来源进行服装的效果图设计，如图5-21，在汤姆·福特作品中，东方民族的图腾、色彩的搭配与完全西化的剪裁相结合，以及较为西式民族的地毯作为 T 台的颜色呼应；其流畅、平均的四方连续图案对比，刻意凸显模特的身材，使中西民族色彩在服装中的应用，尤其在女装中的运用上体现出的效果十分完美出彩，展现出当代潮流女性独有的华美、成熟与高贵的气质。

图 5-21　汤姆·福特作品

二、学生作品展示

（一）对满族服饰色彩的运用

毕业设计作品"清朝随想"通过对满族服饰色彩的分析、提炼和创造性发挥运用了红色、青绿色、月白色、橘黄色、淡蓝色和象牙黑、明黄等色形成一个时尚色彩系列。选择这几种色彩的原因如下：

第一，红色不仅是满族服饰中较为流行的色彩，而且是当代中国人已普遍达成审美共识的颜色。首先，它可以激发人的情绪，让人充满力量，小面积的使用会使人感到整个服装的活泼和跳跃，同时也不会破坏设计所想达到的高雅的艺术效果。其次，红色是我们中国人的"福色"，它所代表的吉祥、喜庆、幸福等寓意，早已在国人的头脑中根深蒂固。再次，外国人眼里的中国特色也许和"红色"有着密不可分的关系。如故宫的红色城墙、古老漆器的朱红、我们的红色国旗等。

第二，青绿色是混合着些许蓝色的绿色，它宛如晶莹剔透的宝石，展示着神秘诱人的色彩力量。这是一种被称为"中国绿"的颜色，它在象征民族特色和意蕴上起着有力的作用。

第三，月白色加入少许的灰给人以复古、稳定的色彩感觉；而明黄色被满族的统治阶级推到了最尊贵的位置，它一向被视为是高贵神圣的正色。同时，黄色本身有着阳光的味道，让人感觉明快，年轻和活泼。

此外，几次关于色彩搭配的实践证实：小面积的红色和绿色相配合会达到具有民族风情的艺术效果，再加上象牙黑的底色更凸显了民族气息和中国特色，如图5-22、图5-23。

当然，任何色彩都不可能独立于服饰而存在，如果那样的话，色彩的表现力就会大打折扣。因此，本系列设计的款式灵感也源自满族具有特色的坎肩、旗袍、滚边等形式。通过对元素的夸张和解构等处理，使得色彩和服装的形体完美结合在一起。清朝女性温文尔雅内敛含蓄的精神特质将会以一种新的面貌呈现在大家眼前。

图5-22 毕业设计效果图

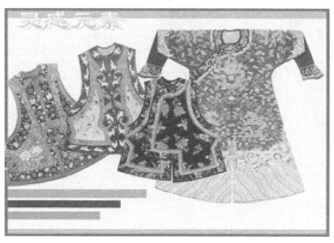

图5-23 毕业设计灵感元素图

（二）藏族服饰色彩的设计应用

毕业设计《喇叭秀》灵感来源于藏族服饰色彩，是通过用色彩代替外形来诠释对藏族服饰文化的理解。此系列服装强调了对比色彩的运用，明快热烈、鲜艳醒目为其主要特色，大面积的中黄色和少面积的紫红色做对比，这两种颜色是一对对比色，又是藏族喇嘛服饰的代表色，再加上松石作点缀，给火热的颜色一点清凉，直接用藏族服饰的色彩配色关系，烘托出典型的青藏高原味道，如图5-24、图5-25。

在款式设计上以藏族妇女发式为灵感来源，把她们人字形华丽、繁复的发式以夸张的"帽子"这种简洁抽象的形式表现出来，既不失藏族服饰"宽、肥、大"的特点，又能将浓郁的民族化的感觉体现得淋漓尽致。在肌理上，通过加衬裙、捏齐褶等收缩有秩的手法，既增加了服装的厚重感，又很好地把藏族服饰中的一些标志性的特点表现出来。例如"邦典"，亦作"邦垫""邦单""班代"等。藏语音译，意为"围裙"，藏族妇女的毛织围裙，流行于西藏等地。多用羊毛纺线、染色，织成条状，再缝合成长方形，加里子，上端两侧加带而成，纺织精密、色彩鲜艳、美观大方。通过捏齐褶的手法把以"邦典"为灵感来源的设计以简洁抽象的形式突出出来。构成粗犷明快，娴雅温和的风格。此系列服装大面积使用黄色，用这种视觉冲击手法来简化形式上的复杂。

图5-24 《喇叭秀》效果图

图 5-25 《喇叭秀》系列实物图

（三）乌孜别克族服饰元素在主题系列服装设计中的运用

纺丝丝绸是乌孜别克人主要的服装材料，他们生产的"哈纳瓦特艾特莱斯绸" "浩占德伯克赛木绸" "古里拜莱绸"等丝织品，深受当地人民的喜爱，尤其是"艾特莱丝绸"更负盛名。据说"艾特莱丝绸"的丝绸材质来自于丝绸之路的文化传承，"艾特莱丝绸"上的色彩纹饰的造型特点源于他们生存环境中的朝阳、白云、河流与草原，因而形成了由抽象纹饰构成的"艾特莱丝绸"。他们在面料开发中把新的科学技术融入其中，使面料的材质色彩纹饰极具现代感，如图 5-26。

完成上述《编织自然》主题系列服装形态设计线稿 1-4 的创意设计后，系列服装色彩材质设计的运用，是设计成败的关键。通过全面认真的考量，从乌孜别克族热爱崇尚朝阳、白云、河流与草原，因而形成了由抽象纹饰构成的壁毯、服装"艾特莱丝绸"、女辫的装饰等元素的综合色彩要素确立《编织自然》主题系列服装色彩设计色标方案，如图 5-27。

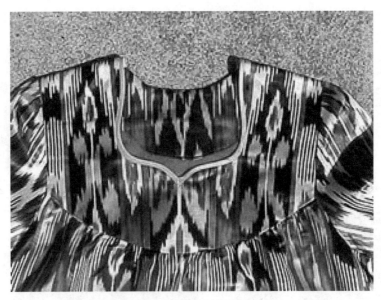

图 5-26 乌孜别克人纺织的丝绸

图 5-27 《编织自然》主题系列服装设计的色标方案图

　　《编织自然》主题系列服装设计线稿、色彩设计色标方案成型后，总觉得韵味不足，准确地说是觉得不够与众不同。这时发现在图 5-27《编织自然》主题系列服装设计的色标方案图中发现：乌孜别克族妇女喜欢把自己的头发编成很多辫子。如果能够较巧妙地运用乌孜别克族妇女的辫子这个元素于画面中，那么《编织自然》主题系列服装设计会显得更为出彩。但是该怎样用，却是一个新的问题，直到作者在服装缝制成品时才想到：从远古时期，人类就学会了针缝，做出了最原始最简单的衣服，到现在不管手缝还是机缝一直都是用线在进行着连接布片的工作，把布片像乌孜别克族妇女辫子那样编联在一起，不是更有设计的意味吗？体现出一种自然和野韵。于是作者在服装制作上放弃线的游走，而是通过编结方式，让衣片结合在一起。通过不断的编结探索与实践，最终实现了比较贴合自然而又朴实大方的服装成品效果，如图 5-28。

图 5-28 《编织自然》主题系列服装设计成品图

参考文献

［1］时影编著.民国万象丛书：民国时尚［M］.北京：团结出版社，2005.

［2］史林编著.高级时装概论［M］.北京：中国纺织出版社，2002.

［3］宋超，焦扬主编.上海：世纪上海［M］.北京：外文出版社，2006.

［4］韦荣慧著.云想衣裳：中国民族服饰的风神［M］.北京：北京大学出版社，2008.

［5］华梅著.中国服装史.北京：中国纺织出版社，2007.

［6］徐海燕编著.满族服饰——清文化丛书［M］.沈阳：沈阳出版社，2004.

［7］张晓黎著.服装设计创新与实践［M］.成都：四川大学出版社，2007.

［8］袁仄等著.服装设计学［M］.北京：中国纺织出版社，2000.

［9］周俊华著.纳西族政治文化史论［M］.北京：人民出版社，2008.

［10］木丽春著.东巴文化揭秘［M］.昆明：云南人民出版社，1995.

［11］袁利，赵明东著.打破思维的界限：服装设计的创新与表现［M］.北京：中国纺织
     出版社，2013.

［12］龚建培著.现代服装面料的开发与设计［M］.重庆：西南师范大学出版社，2003.

［13］周璐瑛，王越平主编.现代服装材料学［M］.北京：中国纺织出版社，2011.

［14］刘君，陈燕林编著.品牌成衣设计［M］.重庆：西南师范大学出版社，2003.

［15］程悦杰编著.服装色彩创意设计［M］.上海：东华大学出版社，2011.

［16］刘晓刚主编.服装设计2——女装设计［M］.上海：东华大学出版社，2008.

［17］王伯敏编.中国少数民族美术史［M］.福州：福建美术出版社，1995.

［18］于炜主编.服装色彩应用［M］.上海：上海交通大学出版社，2003.

［19］黄元庆编著.服装色彩学［M］.北京：中国纺织出版社，2014.

［20］叶锦添著.神思陌路——叶锦添的创意美学［M］.北京：中国旅游出版社，2010.

［21］杨源，何星亮主编.民族服饰与文化遗产研究——中国民族学学会2004年年会论文集［M］.
     昆明：云南大学出版社，2005.

［22］周锡保著 . 中国古代服饰史［M］. 北京：中央编译出版社，2011.

［23］鲍小龙，刘月蕊著 . 手工印染艺术［M］. 上海：东华大学出版社，2013.

［24］薛迪庚编著 . 服装印花及整理技术 500 问［M］. 北京：中国纺织出版社，2008.

［25］朱和平著 . 中国服饰史稿［M］. 郑州：中州古籍出版社，2001.

［26］刘国联主编 . 服装材料学［M］. 上海：东华大学出版社，2011.

［27］孔令声编绘 . 中华民族服饰 900 例［M］. 昆明：云南人民版社，2002.

［28］段梅著 . 东方霓裳：解读中国少数民族服饰［M］. 北京：民族出版社，2004.

［29］任进编著 . 珠宝首饰设计基础［M］. 北京：中国地质大学出版社，2011.

［30］田鲁著 . 艺苑奇葩 —— 苗族刺绣艺术解读［M］. 合肥：合肥工业大学出版社，2006.

［31］李友友编著，中国民间文化遗产——民间刺绣［M］. 北京：外文出版社，2008.

［32］陈立编著 . 刺绣艺术设计教程［M］. 北京：清华大学出版社，2005.

［33］李友友，张静娟著 . 刺绣之旅［M］. 北京：中国旅游出版社，2007.

［34］董季群主编 . 中国传统民间工艺［M］. 天津：天津古籍出版社，2004.

［35］宗凤英主编 . 明清织绣 / 故宫博物院藏文物珍品大系［M］. 上海：上海科学技术出版社，
2005.

［36］张琼主编 . 清代宫廷服饰［M］. 上海科学技术出版社，2006.

［37］胡梅芳编著 . 民族服饰要素与创意［M］. 重庆：西南师范大学出版社，2002.

［38］常沙娜主编 . 中国织绣服饰全集［M］. 中国织绣服饰全集编辑委员会编 . 天津：天津人
民美术出版社，2004.

［39］赵农著 . 中国艺术设计史［M］. 西安：陕西人民美术出版社，2004.

［40］张杰，张丹卉著 . 清代东北边疆的满族［M］. 沈阳：辽宁民族出版社，2005.

［41］安毓英，杨林编著 . 中国民间服饰艺术［M］. 北京：中国轻工业出版社，2005.

［42］赵丰著 . 中国丝绸艺术史［M］. 北京：文物出版社，2005.